1号书屋

土鸡健康养殖

王长康 编著

TUJI
JIANKANG
YANGZHI

福建科学技术出版社
FUJIAN SCIENCE & TECHNOLOGY PUBLISHING HOUSE

图书在版编目（CIP）数据

土鸡健康养殖/王长康编著．—福州：福建科学技术出版社，2009.8（2011.12 重印）
（1 号书屋）
ISBN 978-7-5335-3406-6

Ⅰ．土…　Ⅱ．王…　Ⅲ．鸡—饲养管理　Ⅳ．S831.4

中国版本图书馆 CIP 数据核字（2009）第 118388 号

书　　名	**土鸡健康养殖**
	1 号书屋
编　　著	王长康
出版发行	福建科学技术出版社（福州市东水路 76 号，邮编 350001）
网　　址	www.fjstp.com
经　　销	各地新华书店
排　　版	福建科学技术出版社排版室
印　　刷	福州晚报印刷厂
开　　本	889 毫米×1194 毫米　1/32
印　　张	6.75
字　　数	163 千字
印　　次	2011 年 12 月第 5 次印刷
书　　号	ISBN 978-7-5335-3406-6
定　　价	12.00 元

德化黑鸡（公）

德化黑鸡（母）

河田鸡（公）

河田鸡（母）

惠阳胡须鸡（公）

惠阳胡须鸡（母）

金湖乌凤鸡（公）

金湖乌凤鸡（母）

霞烟鸡（公）

霞烟鸡（母）

桃源鸡（公）

桃源鸡（母）

寿光鸡（公）

寿光鸡（母）

萧山鸡（公）

萧山鸡（母）

庄河鸡（公）

庄河鸡（母）

新城疫

出现神经症状，扭颈，转圈

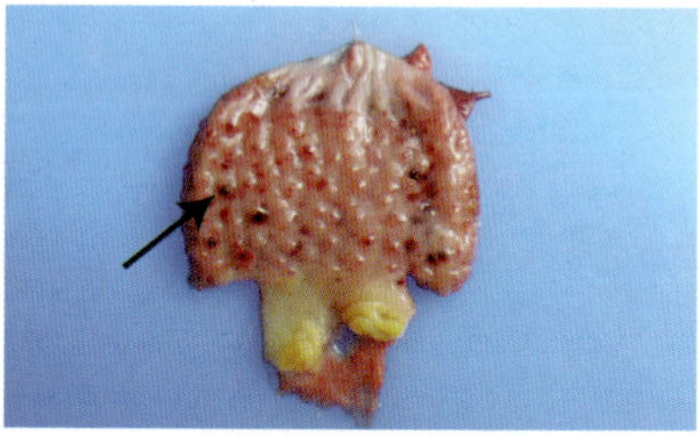

腺胃乳头出血

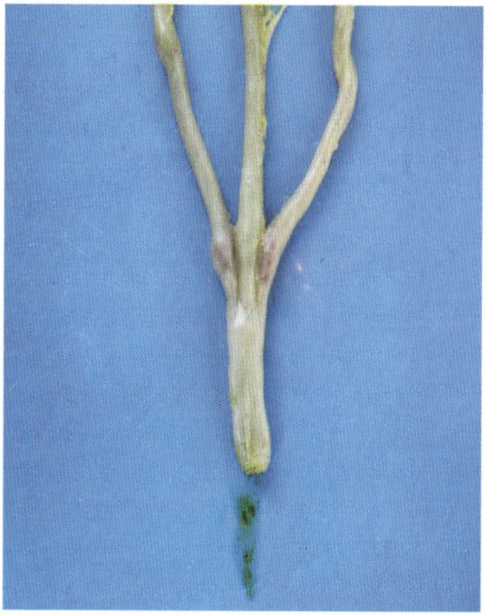

盲肠扁桃体肿大出血

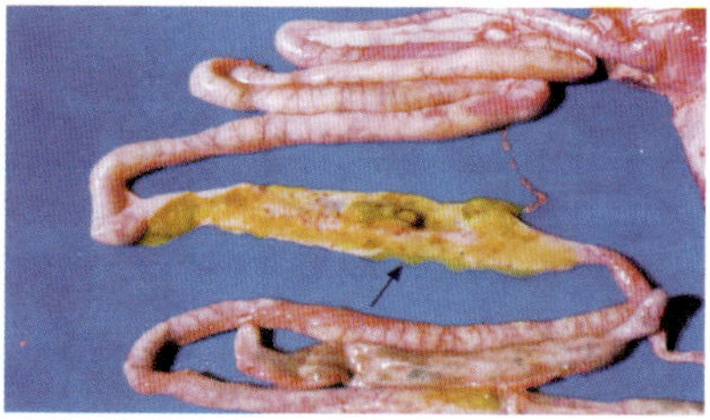

小肠黏膜出血、溃疡，形成岛屿状坏死溃疡灶

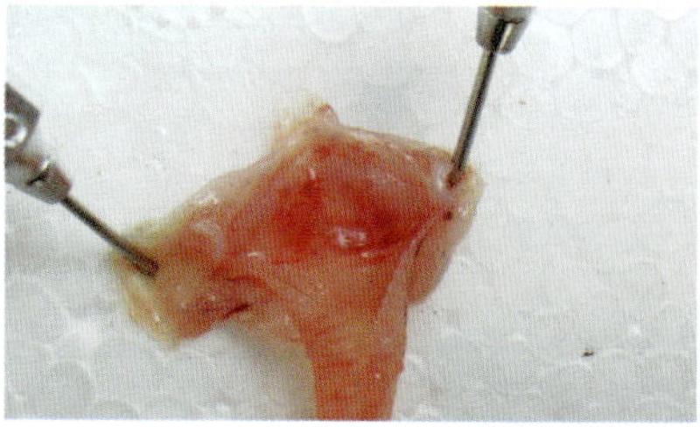

喉头气管出血

禽流感

头肿大、鸡冠发紫、肉髯水肿

腺胃乳头有脓性分泌物、乳头周边出血

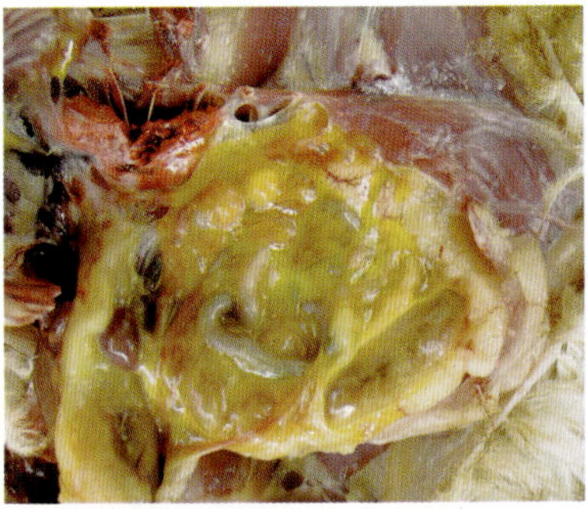

卵黄破裂于腹腔中形成卵黄性腹膜炎

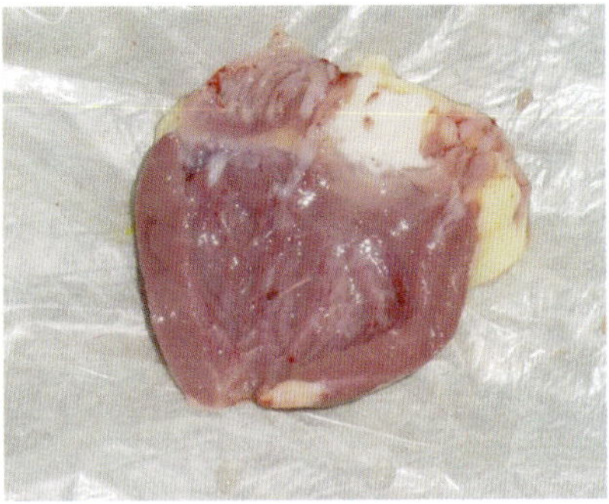

心肌内壁出血

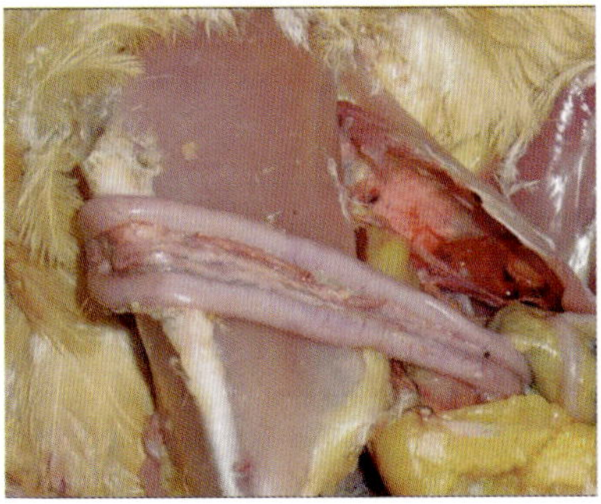

胰腺坏死、出血

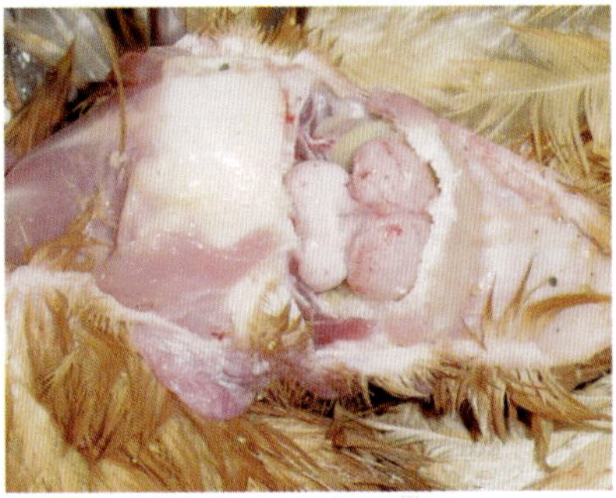

脑部充血、出血

马立克病

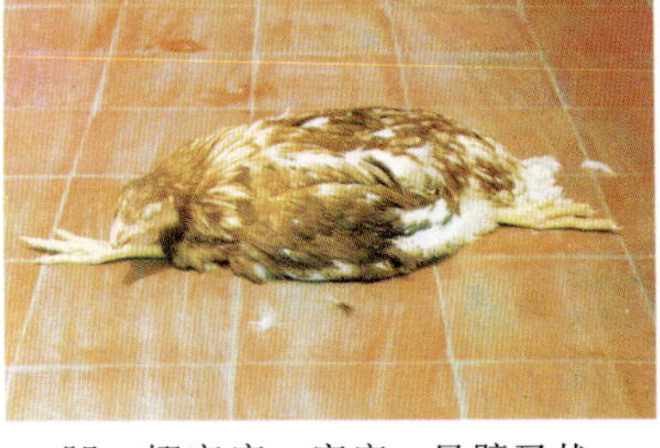

腿、翅麻痹、瘫痪，呈劈叉状

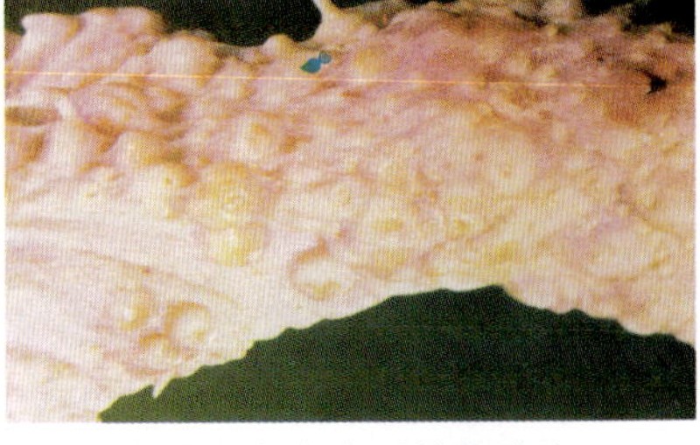

皮肤上有大小不等的肿瘤

马立克病

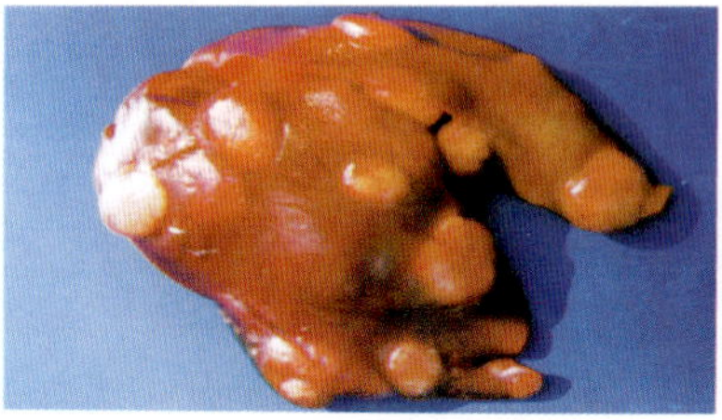

肝脏上有较大的肿瘤结节

眼睛虹膜增生退色，瞳孔收缩，边缘不整，似锯齿状。右侧为正常对照

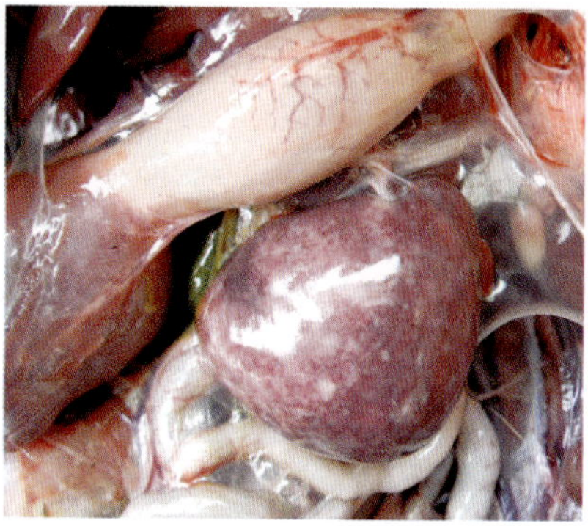

脾脏肿大 1～5 倍

传染性支气管炎

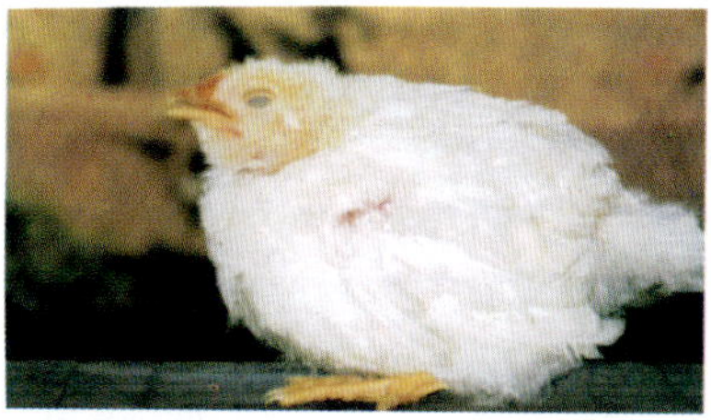

雏鸡精神沉郁，张口呼吸

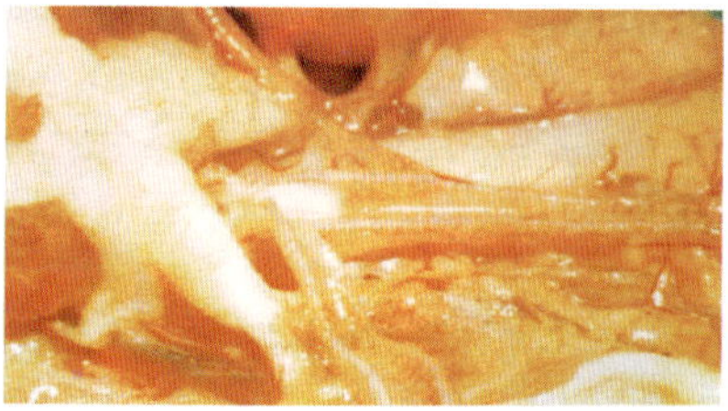

气管及支气管内有水样或黏稠透明的黄白色渗出物

肾脏肿、退色，输尿管变粗，内有白色的尿酸盐，呈花斑肾

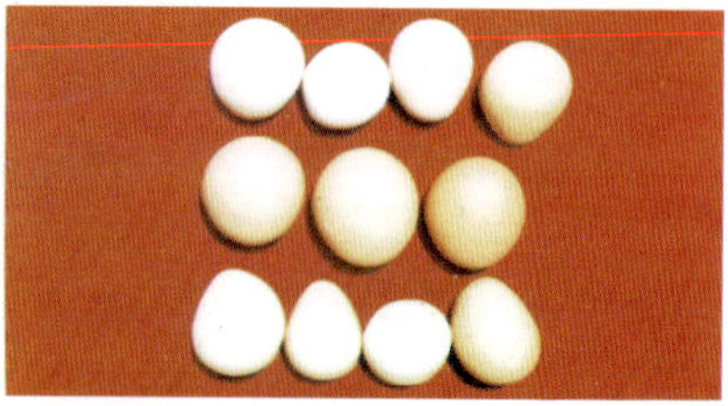

产白壳蛋、沙壳蛋、畸形蛋、小蛋。中间为正常对照

传染性喉气管炎

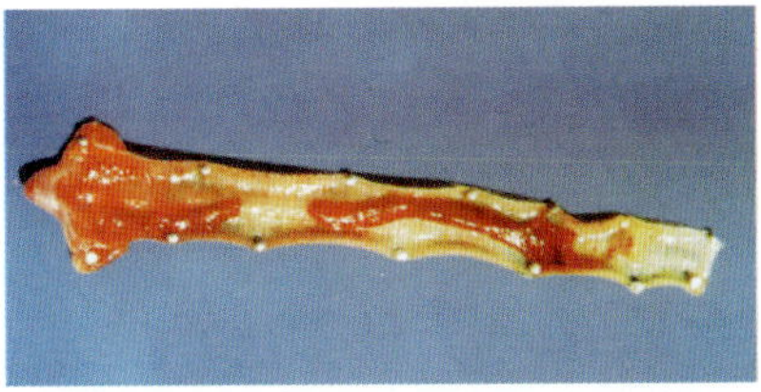

喉头黏膜出血，气管内有血栓

鸡痘

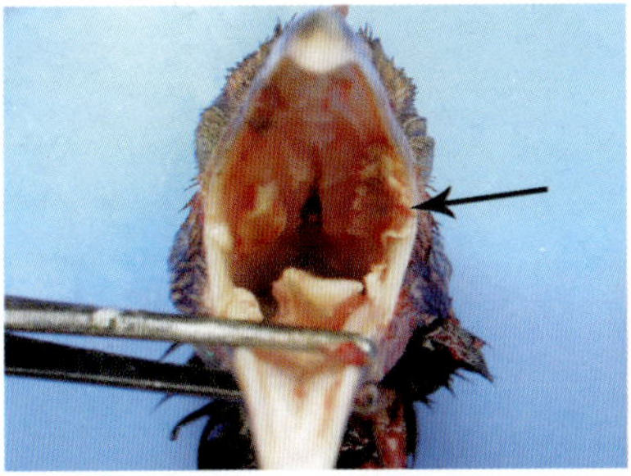

口腔黏膜上形成纤维素性假膜

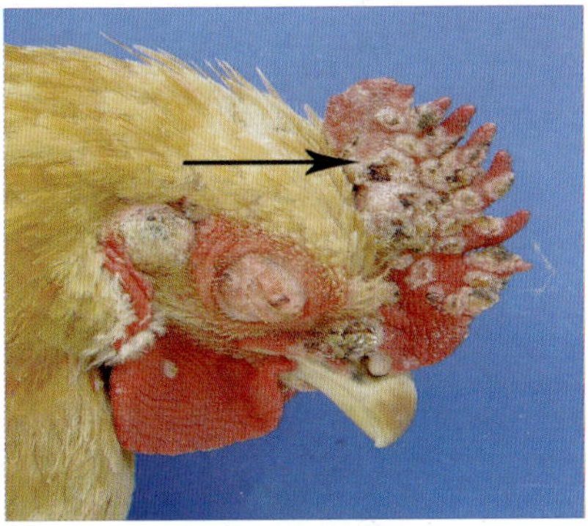

鸡冠上长满鸡痘

腿部、趾部溃疡，有痘斑

传染性脑脊髓炎

精神不振，共济失调，偏瘫

传染性法氏囊病

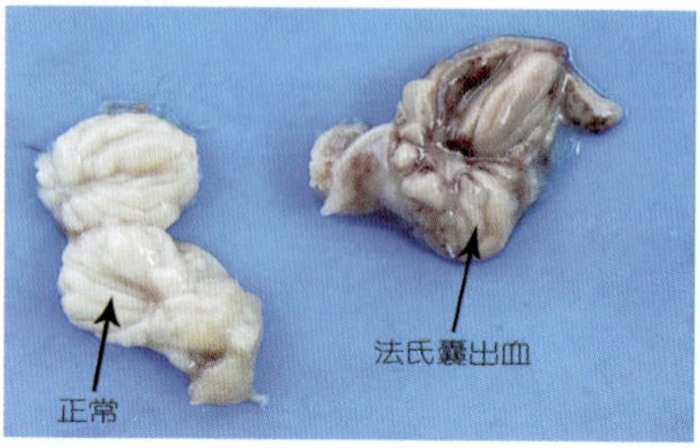

法氏囊肿大、出血

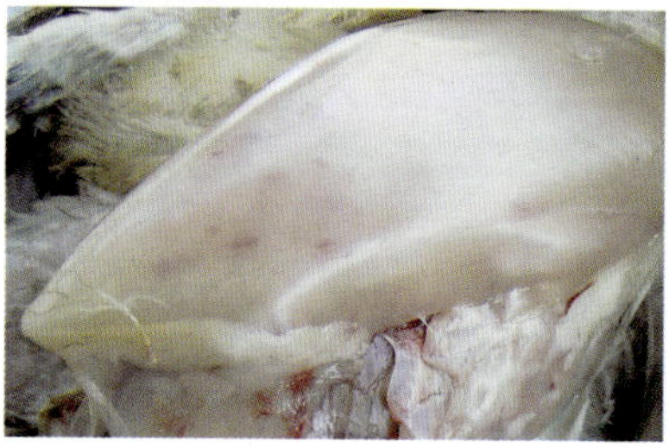

胸肌条状出血

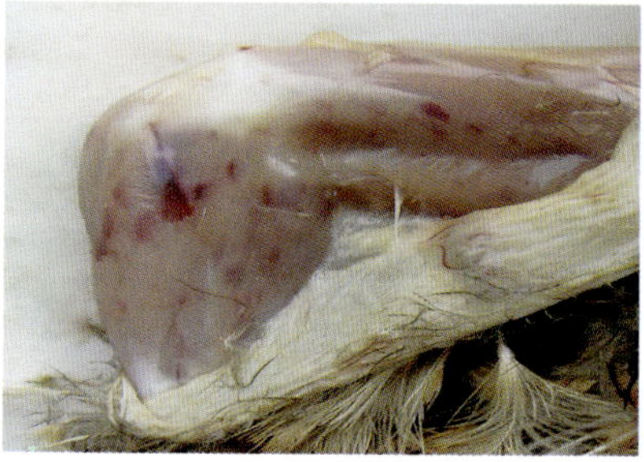

腿肌条状出血

鸡白痢

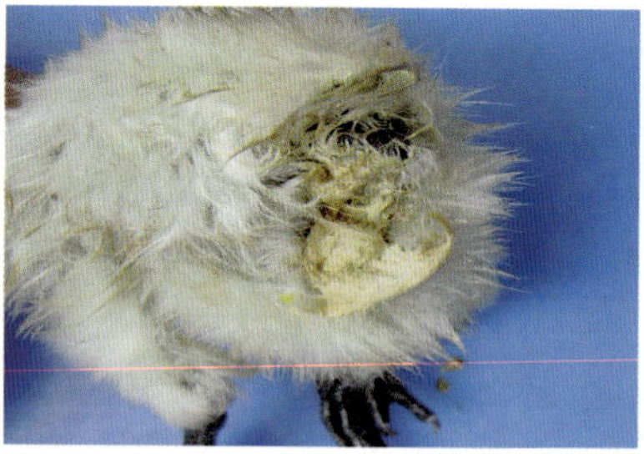

白色粪便粘在肛门口

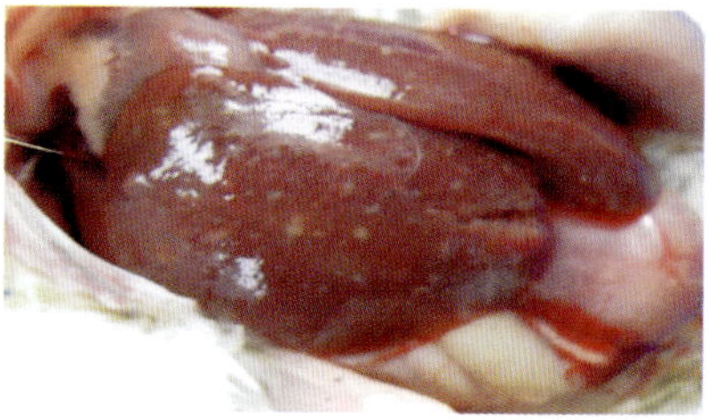

肝肿大，表面有大小不等的坏死点

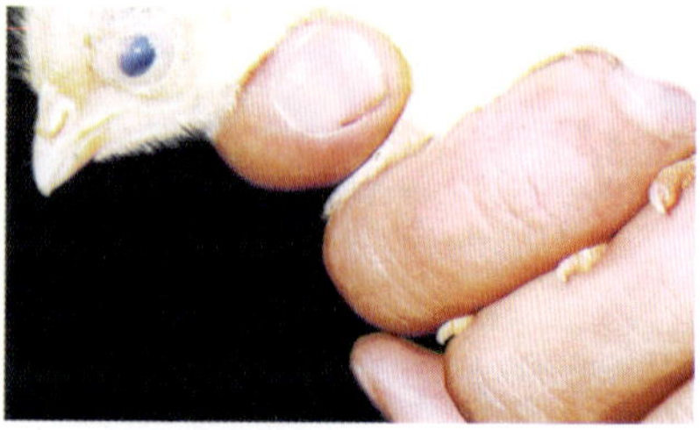

眼睛混浊呈云雾状，失明

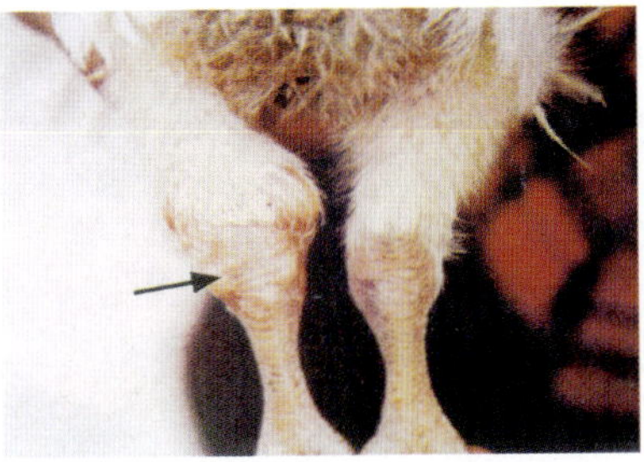

跗关节肿大，瘫痪

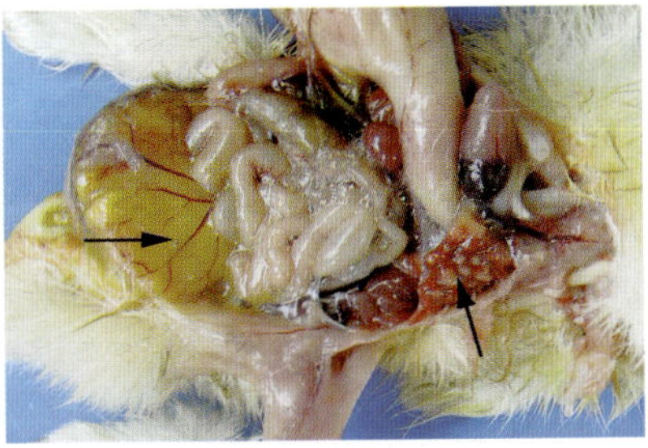

肺有白色坏死结节，卵黄吸收不良

禽伤寒

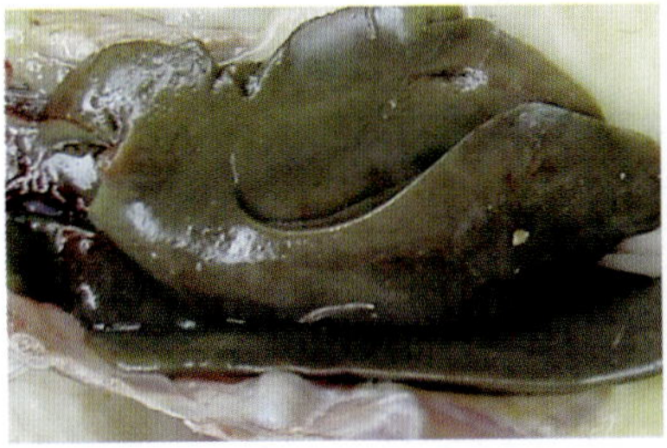

肝脏呈现铜绿色

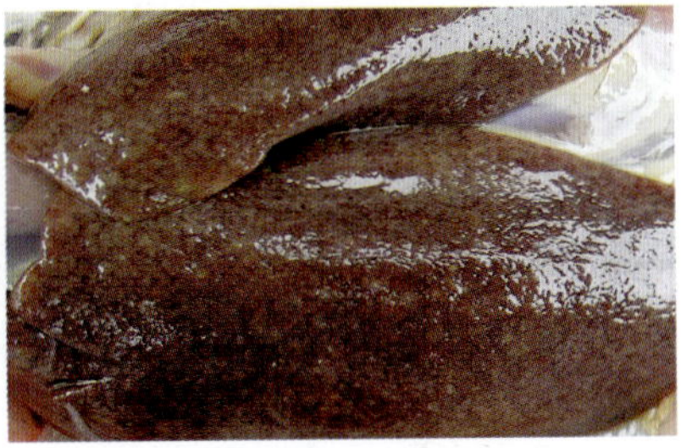

肝肿大，表面有白色坏死灶

禽副伤寒

肝脏表面有大小不同的坏死斑

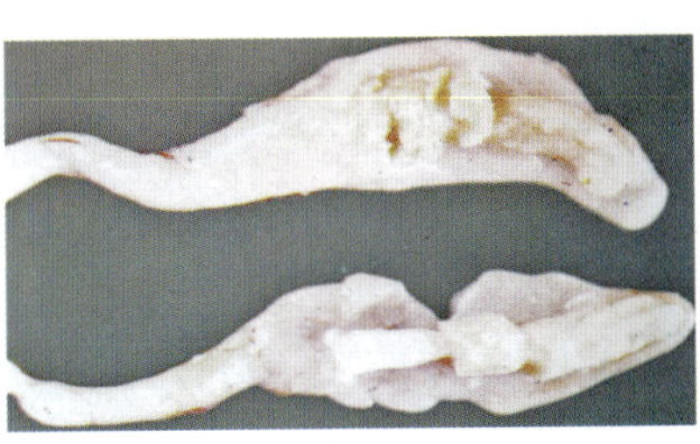

盲肠内有灰白色的干酪样栓子

禽霍乱

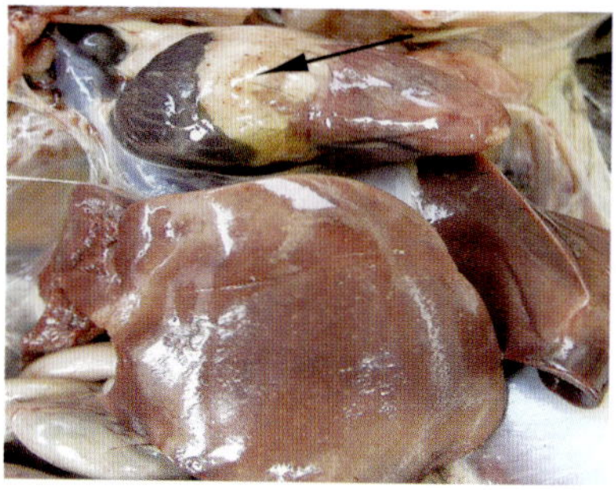

心冠脂肪出血

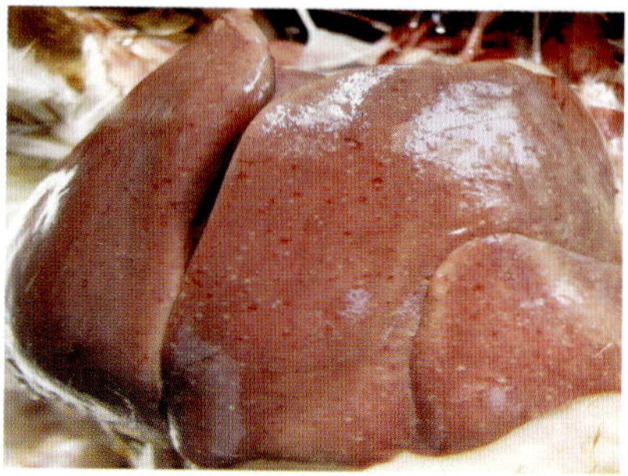

肝肿大，表面有针尖大小的白色坏死点

大肠杆菌病

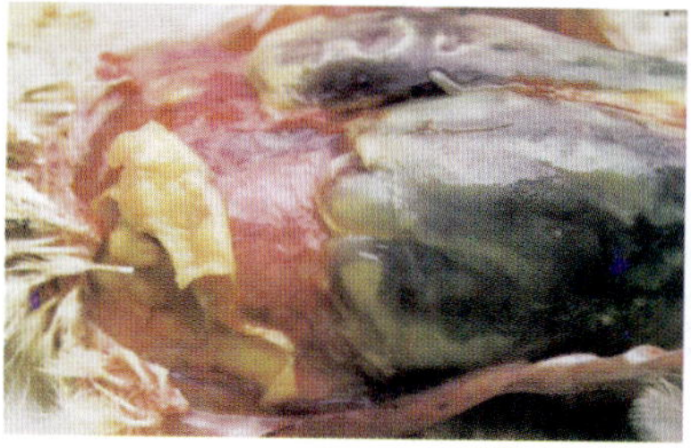

肝脏肿大、淤血，外有黄白色包膜，腹部有黄色纤维素膜

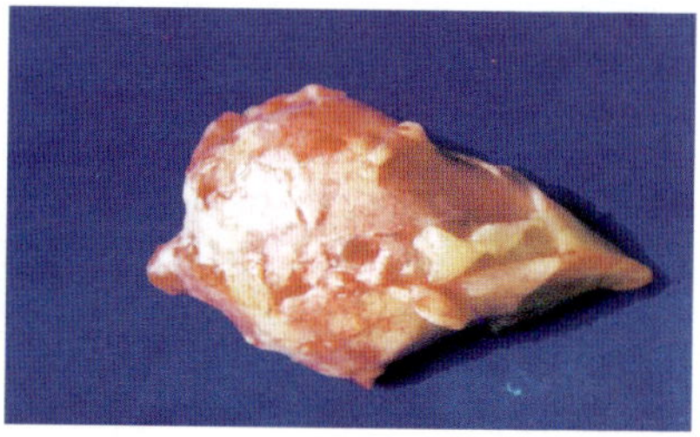

心包增厚，外有黄白色纤维素渗出物

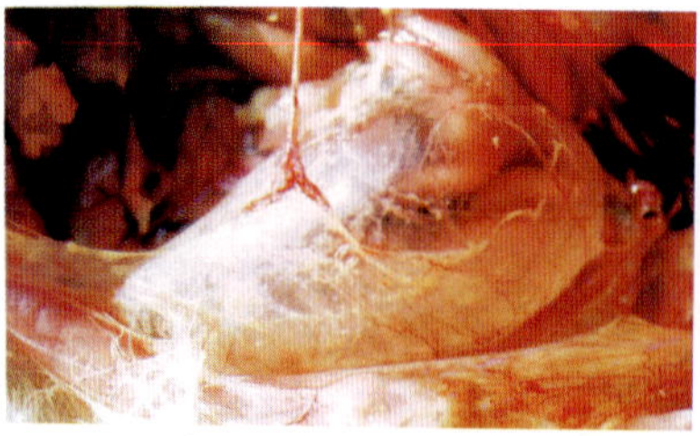

气囊混浊增厚，有纤维素渗出物

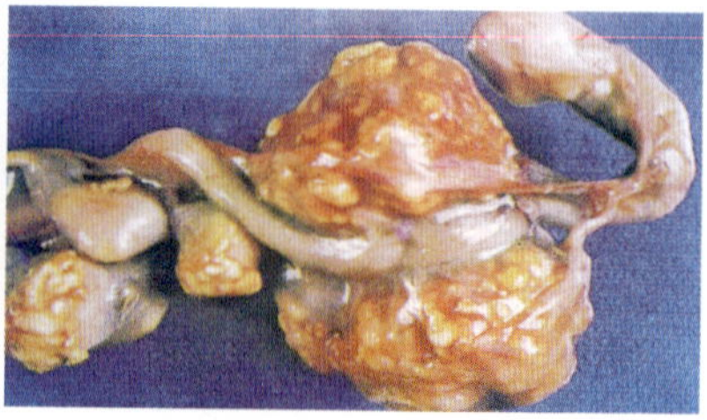

肠系膜上形成肉芽肿

大肠杆菌病

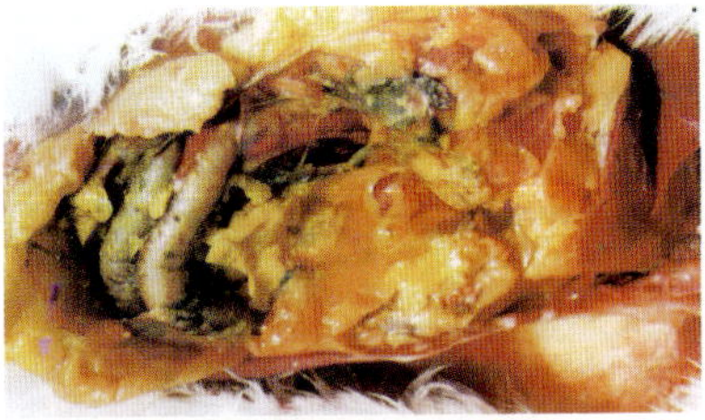

产蛋鸡腹腔有黄褐色纤维素渗出，肠粘连，有破裂的卵黄，恶臭

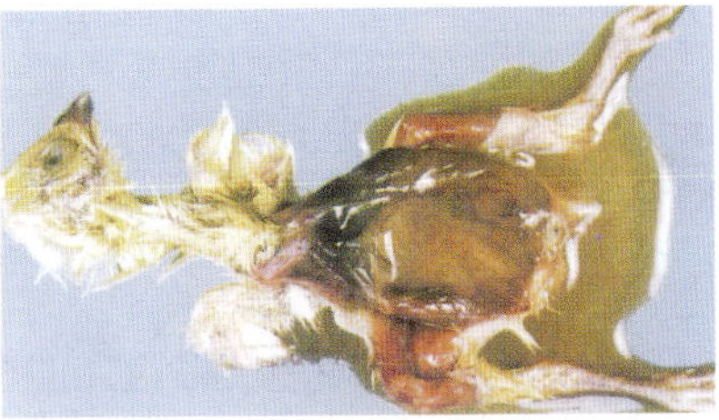

腹部膨大，卵黄呈黄褐色，易破裂

葡萄球菌病

趾部红肿

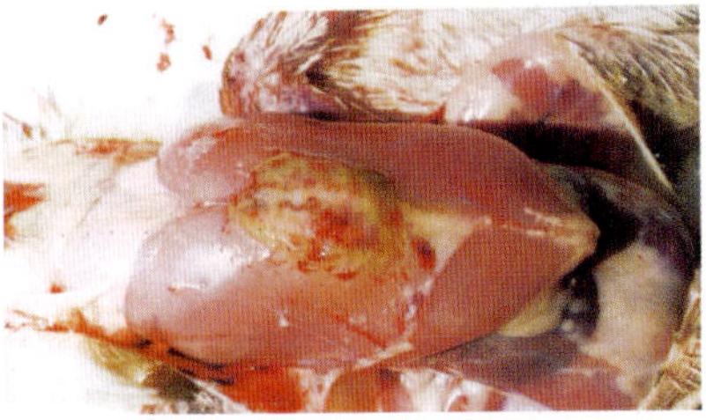

胸部发炎，有脓性分泌物

趾部溃疡结痂

坏死性肠炎

十二指肠肿胀、充血

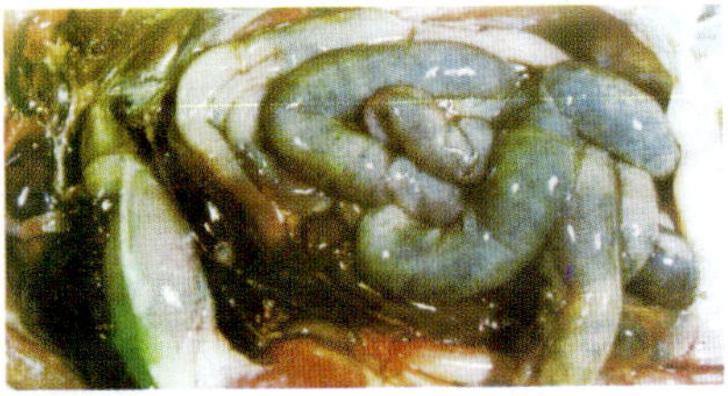

肠道极度肿大，坏死，鼓气，内有黑褐色肠容物

鸡毒霉形体病

脸部、眶下窦肿胀，发硬

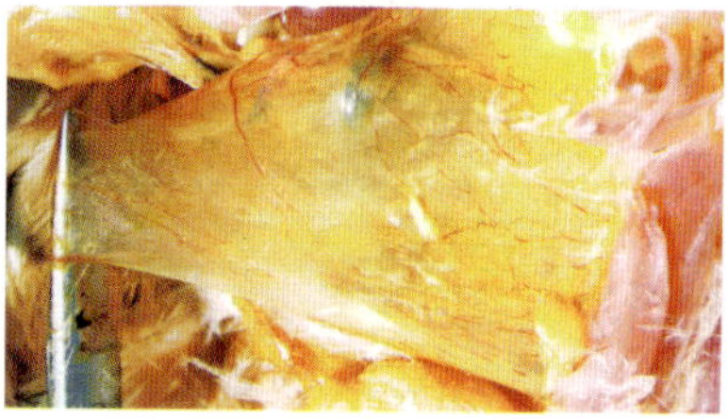

气囊增厚，混浊，有黄色干酪物

心包炎、肝周炎

禽曲霉菌病

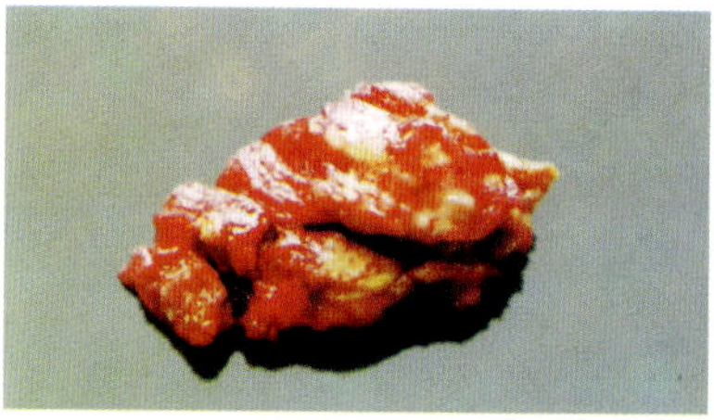

肺脏上有黄白色霉菌结节

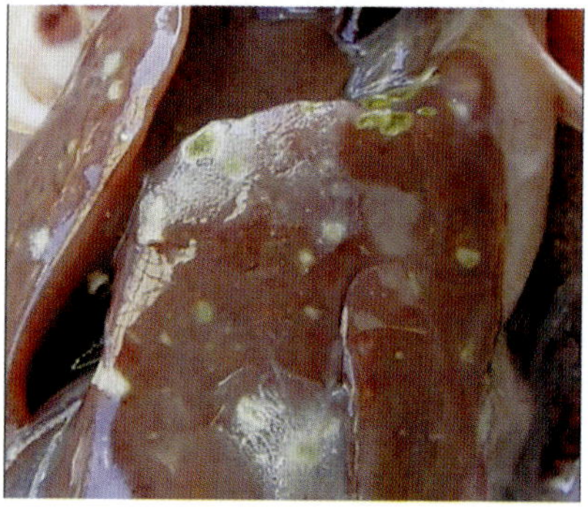

肝表面有霉菌斑

念珠菌病

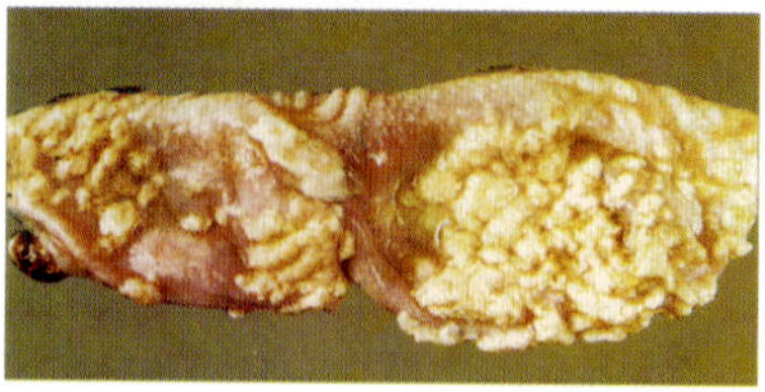

嗉囊表面有霉菌溃疡灶，呈白色隆起状

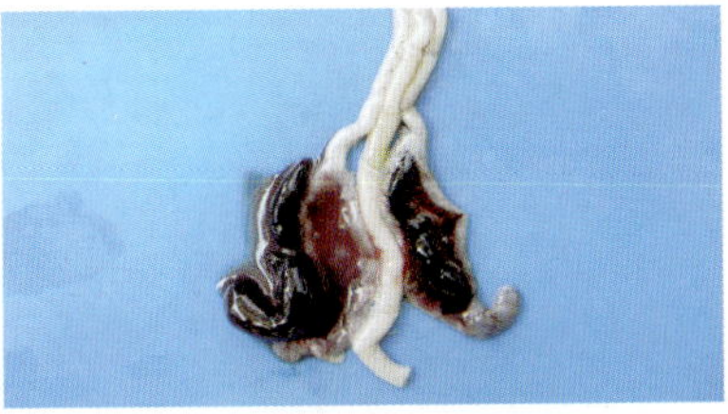

盲肠肿大、出血

小肠肿大、肠壁有出血点

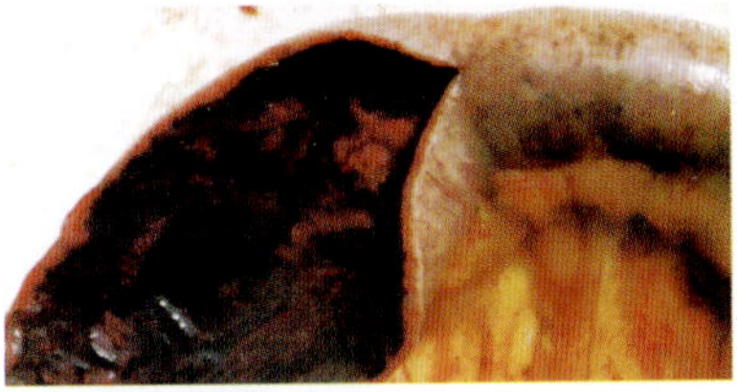

小肠壁增厚，肠内有大量血凝块

住白细胞原虫病

鸡冠为苍白色

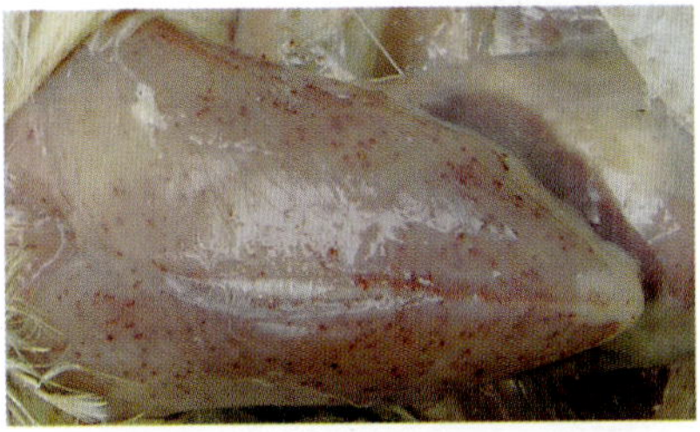

胸肌有大量突起的点状出血囊

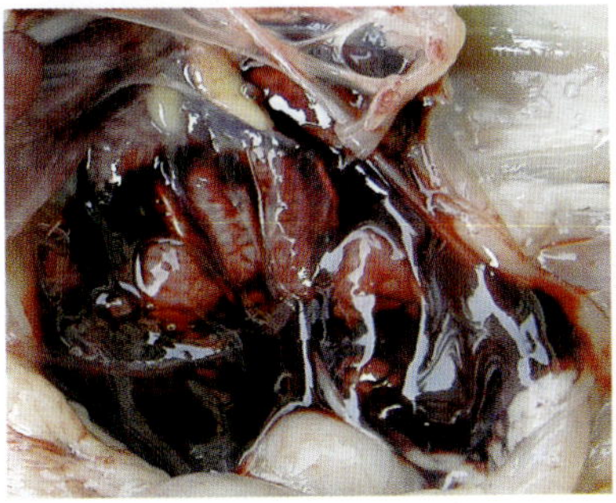

肾脏出血及血凝块

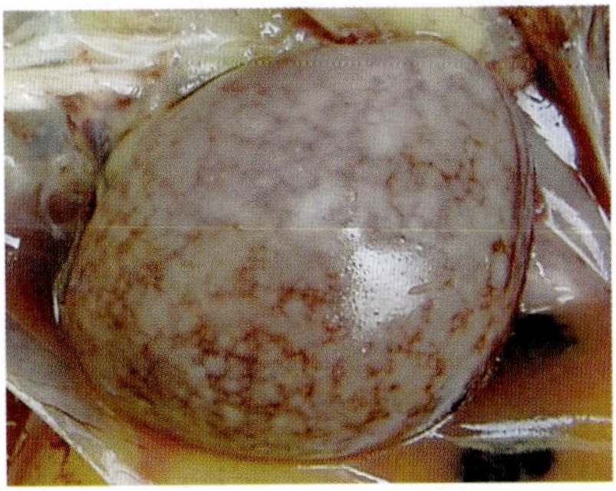

脾脏肿大 1～5 倍并呈斑驳状

蛔虫病

小肠内充满蛔虫

绦虫病

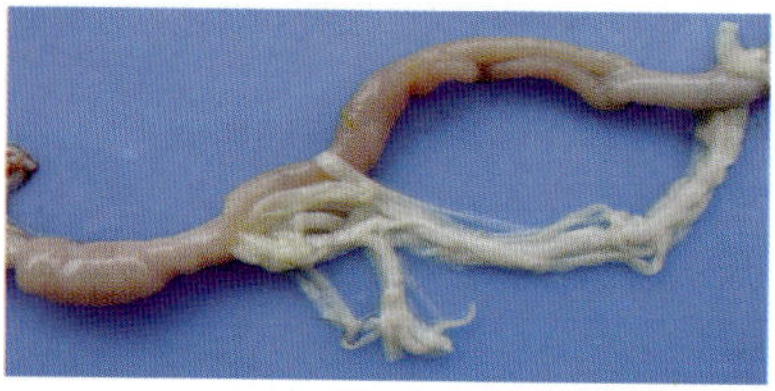

小肠内塞满大量白色扁平、带状分节的虫体

组织滴虫病

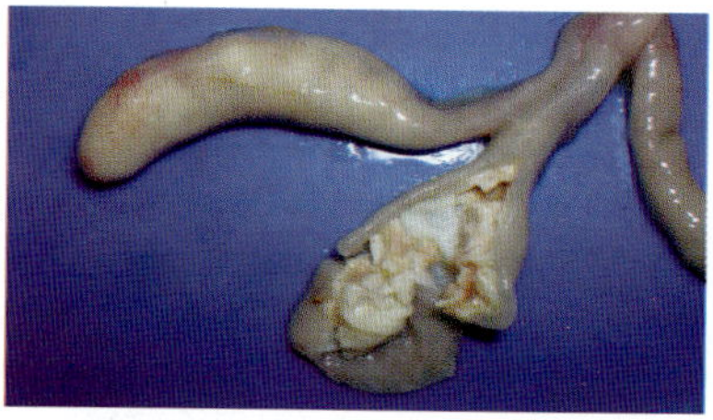

盲肠肿大、内有干酪样栓塞

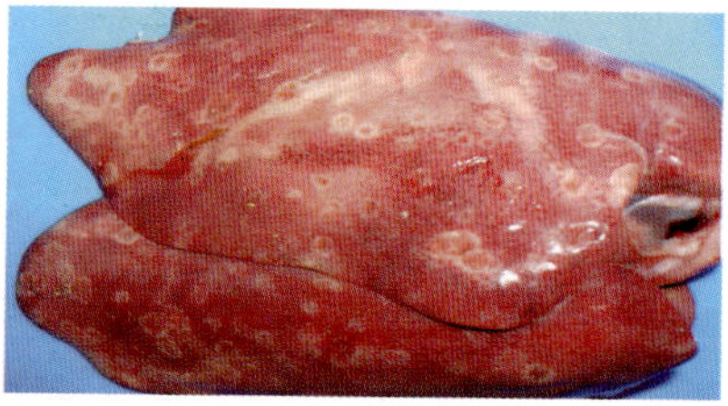

肝脏肿大，表面形成圆形黄绿色的坏死灶

鸡螨

病变部位发红，在皮肤上形成斑点

羽虱

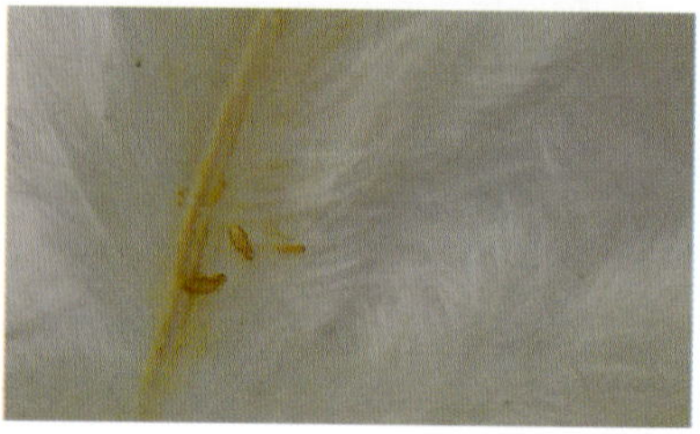

虫体寄生在鸡羽毛上

目　　录

一、土鸡品种与特点

我国大多数地区称地方品种鸡为土鸡，中原和关中地区把本地的地方品种鸡称为柴鸡，江浙一带称为草鸡。土鸡具有耐粗饲、抗病力强、耗料多、有就巢性、繁殖率低、生长速度慢、体型小、育肥效果差等特点。我国土鸡多数为肉蛋兼用型。由于土鸡具有骨细肉厚、皮薄、肉质嫩滑、味香浓郁、无污染、营养全面等优点，而且便于清蒸、清炖、煨汤、白切等传统加工，因而深受消费者欢迎。近年来，在全国许多地区土鸡饲养量逐年增加。

土鸡的品质、风味除与鸡的品种有密切关系外，也与饲养方式、日粮的组成以及饲养的日龄有关。随着人们生活水平的提高，人们对鸡肉的品质、风味及卫生标准要求也越来越高。

土鸡通常采用放养方式饲养，即育雏期在舍内饲养，在生长的中后期利用农村广阔的丘陵山地、果园、林地、荒山、荒坡、冬闲田，采用早晚补饲精料与白天在山地果园与冬闲田放牧相结合的轮养方式。土鸡放养方式既适用于家庭副业的小群养鸡，也适用于较大规模的专业化生产。其优点是：鸡在中后期放牧期间，在野外可以觅食一些昆虫之类的动物性饲料、青饲料和矿物质，能充分利用自然资源，很少发生营养缺乏病；土鸡采用放养方式饲养，鸡舍可以因陋就简，投资小；此外，土鸡放养时，活动面积大，阳光充足，空气新鲜，鸡群体质健壮，肉质良好，风味增加；同时鸡粪便可以就地施于果树、林木，增加氮肥。但是土鸡放养也存在一些缺点，如：鸡舍和运动场不易彻底消毒，防疫困难，鸡传染病和寄生虫的感染机会多；受天气变化影响大，不能四季均衡生产；要有适合的放养草地。

（一）我国地方土鸡品种

我国地域辽阔，地形地势复杂，气候差异大，加之民族众多，各地区民众消费习惯、鸡肉的烹饪方法不同，形成许多地方土鸡品种。据《中国禽类遗传资源》记载，我国地方土鸡品种和未经审定的地方土鸡品种资源有100多种。还有许多地方鸡种还未被家禽科学工作者发现和审定，例如福建省仅近几年就发现和审定几种地方土鸡品种或品种资源，如德化黑鸡、金湖乌凤鸡、辰山鸡、象洞鸡、石龙鸡、闽清毛脚麻鸡。

1. 河田鸡

原产于福建省长汀、上杭一带，以肉质鲜美而驰名。它具有善觅食、适应性强，屠体丰满、皮薄骨细、皮下和肌间积贮适量脂肪，肉味鲜美、风味独特等优点。外貌特征：公鸡主翼羽为黑色，有浅黄色镶边，副翼羽红棕色，尾羽和镰羽黑色有光泽，但镰羽不发达，头及颈羽为棕黄色，背、胸、腹部为淡黄色。冠为直立单冠，但冠体后端分裂成枝状的小冠尖。肉髯大而下垂，喙、胫黄色，体短而深、胸宽背阔，呈肉用型体态。母鸡体羽黄色，主翼羽与尾羽为黑色。颈羽有黑斑点在颈部形成环状黑圈，其余部位羽毛均为黄色。冠的形状与公鸡相似，喙、胫亦为黄色。成年公鸡体重1.72千克、母鸡体重1.2千克。150日龄公母鸡体重分别为1.29千克和1.09千克。母鸡6月龄开产，年产蛋约100枚，平均蛋重48克，蛋壳浅褐色。

2. 德化黑鸡

德化黑鸡主产于福建省德化县戴云山主峰和九仙山周边的村落，属优质肉鸡地方品种，具有独特的品种特征。德化黑鸡公鸡特征是：全身羽毛深黑、呈片羽状，主翼、背部和尾部羽毛呈墨绿色；单冠直立呈黑紫色或红色，冠尖一般为5～8个；乌喙、乌脚、乌骨、乌灰皮、乌灰肉等。母鸡形似公鸡，但体型较小，鸡冠比公鸡小。成年公、母鸡体重分别为2.2千克和1.9千克；160日龄公、母鸡体重分别为1.6千克和1.4千克。母鸡25周龄开产，年产蛋约120枚，平均蛋重46克，蛋壳浅褐色。

3. 金湖乌凤鸡

金湖乌凤鸡主产于福建省泰宁县境内金湖周边乡村及周边将乐、建宁、邵武与江西黎川的部分乡镇。金湖乌凤鸡体态小巧轻盈，肉髯较大，耳叶中等；眼大，瞳孔黑色，虹彩橘黄色。体形呈方体，紧凑。公鸡体型较大而雄壮，身体短而紧凑，颈短。背部羽色金黄鲜艳，主翼羽、尾羽均呈黑色，副翼羽为深红色，有光泽，尾巴高翘，镰羽发达，呈黑色；腿部长有裙羽，胫部有较长片羽。母鸡头披凤冠，麻羽，主翼羽和尾羽为黑色，颈羽、背羽、腹部羽为深黄色，每片羽毛末端有一黑色环镶边；腿部长有裙羽，胫长有片羽。金湖乌凤鸡不仅有一般乌骨鸡的乌皮、乌肉、乌骨的“三乌”品质特性，同时其外貌特征与普通家鸡明显不同，具有以下特征。

桑椹冠：属桑椹冠型，公鸡较母鸡发达，冠体上有许多似桑椹样的粒状小突起。鸡冠的颜色在性成熟前为紫色（与桑堪相似），成年后则颜色逐渐减退，略带红色，故有“荔枝冠”之称。母鸡冠小，颜色更黑，公鸡冠紫红色，冠体较大。

凤头：公、母鸡头顶均有一丛缨状冠毛，母鸡缨毛冠，形似“贵妃帽”，当地俗称“凤头”，有黑色、黑麻色和金黄色3个变种，以黑色居多。

绿耳：耳叶呈淡绿色彩，后备鸡最显色，成年后逐渐减退。

毛脚：胫、趾部有小片羽，呈淡棕黄色或黄黑麻色。

裙羽：公、母鸡腿部有较发达的裙羽，使鸡在外表上显得较矮。

乌皮：全身皮肤及脸、喙、胫、趾均呈乌色，乌黑的部位和程度随不同个体而稍有差异。

乌肉：全身肌肉及内脏器官均呈乌色。

乌骨：骨质灰黑，骨膜呈深黑色。

金湖乌凤鸡5月龄公鸡的体重为1.47千克，母鸡为1.32千克。公鸡120～130日龄开啼，母鸡156～168日龄产蛋，年产蛋80枚，蛋重47.5克，蛋壳浅褐色。

4. 辰山鸡

辰山鸡主产于福建省建瓯市及周边县（市），体型较小，体态匀称，羽毛紧凑，脚小，胫、趾黑色或青色，无胫毛，单冠直立，冠、肉髯、耳叶红色，喙褐色或黄色，皮肤白色。公鸡羽毛多为红褐色或浅褐色，颈部和背部羽毛金黄色，尾羽长、黑色，成年公鸡体重1.93千克。母鸡体羽淡黄色，尾羽黑色，成年母鸡体重1.26千克。开产日龄180天，年产蛋140枚，蛋重45克，蛋壳浅褐色。该鸡适应性强，抗病性强，适合野外牧养，具皮薄而脆、肉滑嫩鲜美、骨细、味香、汤清甜等特点。

5. 惠阳胡须鸡

惠阳胡须鸡又名三黄胡须鸡、惠阳鸡。原产于广东省惠阳地区。它以种群大、分布广、胸肉发达、早熟易肥、肉质特佳，在港澳市场久负盛名。惠阳胡须鸡属中型肉用品种，其标准特征为颌下具发达而展开的胡须状髯羽，无肉髯或仅有一点痕迹，总的特征可概括为10项：黄羽、黄喙、黄脚、胡须、身短、脚矮、易肥、软骨、白皮和玉肉（又称玻璃肉）。公鸡有或无主尾羽，主尾羽颜色有黄色、棕红色和黑色，而以黑色居多，腹部羽色比背部稍浅；母鸡全身羽毛黄色，主翼羽和尾羽有紫黑色，尾羽不发达。成年体重公鸡2.1～2.3千克，母鸡1.5～1.8千克；在农家放牧条件下的仔母鸡，开产前体重可达1～1.2千克。如经过笼饲肥育12～15天，可净增重350～400克，此时皮薄骨软、脂丰肉满，适于上市。惠阳胡须鸡因受就巢性强和腹脂多的影响，产蛋性能不高，母鸡6～7月龄开产，年产蛋量70～90枚，平均蛋重47克左右，蛋壳颜色有浅褐色和深褐色两种。

6. 浦东鸡

原产于上海市的黄浦江以东的广大地区，故名浦东鸡。浦东鸡属肉用型，体躯硕大宽阔，近似方形，骨粗脚高，羽毛蓬松，以黄色、麻褐色者较多。嘴粗短稍弯曲，黄色或褐色。单冠，冠、肉髯、耳叶和脸均为红色，胫黄色。浦东鸡生长较快，3月龄体重达1.25千克，成年公鸡体重4千克，母鸡3千克左右，以体大、肉肥及味美著称。年产蛋量100～130枚，蛋重平均为57.9克，蛋壳为深褐色，壳质细致，结构良好。20世纪70年代上海农科院用该鸡和快速型鸡如红佩科等杂交培育出新浦东鸡，生长速度提高，70天龄体重可达1.5千克。

7. 北京油鸡

原产于北京郊区，以肉味鲜美、蛋质优良著称，是一个优良的地方鸡种。根据体型和羽色可分为两个类型。

（1）黄色油鸡

羽毛浅黄色，主、副翼羽颜色较深，尾羽黑色，单冠，冠多皱褶呈“S”形，头小，冠羽或有或无（也叫凤头）。冠、肉髯、耳叶为红色。有胫羽毛。体重较大。

（2）红褐色油鸡

羽毛呈红褐色（俗称紫红毛），公鸡尤为美观，母鸡羽色发暗。单冠，冠羽特别发达，常将眼的视线遮住。胫羽亦很发达。不少个体的颌下或颊部生有髯须，因此将此“三羽”（凤头、毛腿、胡子嘴）性状看做是北京油鸡的主要外貌特征。体重较黄色油鸡小。

北京油鸡成年公鸡体重 2.0 千克，母鸡 1.73 千克。母鸡平均 210 日龄开产，年产蛋量约 110 枚，平均蛋重 56 克，蛋壳褐色。

8. 狼山鸡

原产于江苏省南通地区。该鸡体型外貌最大特点是颈部挺立，尾羽高耸，背呈“U”字形，体高腿长，胸部发达，单冠直立，冠、髯、耳叶和脸为红色，皮肤白色，喙和胫为黑色，有胫羽毛，性成熟迟，有黑色和白色两个变种。其优点为适应性强，抗病力强，胸部肌肉发达，肉质好。成年公鸡体重平均 2.84 千克，母鸡 2.28 千克。年产蛋量达 141 枚，平均蛋重 58 克，蛋壳褐色。

9. 桃源鸡

原产于湖南省桃源，属肉用型。鸡体型较大，近方形，羽毛颜色不一。公鸡黄红色，母鸡黄色者居多，亦有黑麻色或褐麻色的。单冠、红色，胫、喙米黄色或黑色。公鸡头颈直立，胸挺，背平，脚高，尾羽翘起。母鸡头略小，颈较短，羽毛疏松，身躯肥大。成年公鸡体重 3.65 千克，母鸡 3 千克。肉质鲜美，富含脂肪，是优良的肉用型鸡种。年产蛋量 100～120 枚，平均蛋重 53 克，蛋壳浅褐色。

10. 萧山鸡

原产于浙江省萧山一带，分布很广。萧山鸡体型较大，单冠而短小，冠、肉髯、耳叶均为红色。喙黄色，颈羽黄黑相间，羽毛淡黄色，胫黄色，胫上有羽毛或无羽毛。此鸡适应性强，容易饲养，早期生长快，成年公鸡体重 2.5～3.5 千克，母鸡重2.1～3.2 千克。肉质富含脂肪，嫩滑味美。开产期约 6 月龄，年产蛋量 130～150 枚，蛋壳褐色。就巢性强。

11. 寿光鸡

原产于山东省寿光，历史悠久，分布较广。寿光鸡头大小适中，单冠，冠、肉髯、耳叶和脸均为红色，喙、胫、爪均为黑色，皮肤白色，全身黑羽，并带有金属光泽，尾有长短之分。公鸡体重2.8～3.6千克，母鸡体重2.3～3.3千克，年产蛋量117枚，蛋重60～65克。寿光鸡蛋大，蛋壳深褐色，蛋壳厚。

12. 庄河鸡

庄河鸡又名大骨鸡，属蛋肉兼用型。原产于辽宁省庄河。庄河鸡单冠直立，体格硕大，腿高粗壮，结实有力。身高颈粗，胸深背宽，腹部丰满。喙、胫、趾多数为黄色。公鸡羽色以棕红色为主。公鸡颈羽、鞍羽和背羽呈红色，尾羽黑色，主尾羽和镰羽有翠绿色光泽。母鸡以麻褐色为主，尾羽黑色。120日龄公鸡体重1.5千克，母鸡1.2千克；180日龄公鸡体重2.2千克，母鸡体重1.8千克。213日龄开产，年产蛋160枚，平均蛋重63克，蛋壳深褐色。该品种主要特征是体型大，耐寒性强，是现代土鸡饲养的主要品种之一。

13. 霞烟鸡

原产于广西容县，是我国著名的地方良种鸡。该鸡体躯短圆，胸宽胸深，外形呈方形。羽色浅黄，单冠，颈部粗短，羽毛紧凑。成年公鸡体重2.2千克，母鸡体重1.9千克。150日龄公、母鸡体重分别为1.6千克和1.29千克。母鸡170～180日龄开产，年产蛋量80～110枚，平均蛋重43.6克，蛋壳浅褐色。

14. 清远麻鸡

清远麻鸡属小型肉用型鸡，原产于广东省清远。清远麻鸡呈楔形，前躯紧凑，后躯丰满。外形特征“一楔、二细、三麻”，即体呈楔形，头细、脚细，羽色麻黄、麻棕、麻褐。单冠。喙、胫黄色。公鸡羽色枣红色，母鸡麻色。雏鸡背部两侧各有1条白色的绒毛带，两绒毛带的中间为灰棕色所隔。这一特征一直保留到第一次换羽后才消失。成年公鸡体重 2.18 千克，母鸡体重 1.75 千克。母鸡 180 日龄开产，年产蛋 75 枚，平均蛋重 47 克，蛋壳淡褐色或乳白色。

15. 崇仁麻鸡

崇仁麻鸡属肉蛋兼用型品种，原产地在江西省崇仁，现已分布到江西省各地。该品种体型中等，呈菱形，具有性情活泼、敏捷、觅食力强、抗逆性好、肉质细嫩、肉鲜味美等特点。喙青色。单冠，冠、肉髯、耳叶、脸红色。公鸡羽毛棕红色，尾绿色，胸腹部羽毛红中带黑。母鸡羽毛黄麻色或黑麻色，羽毛紧凑。胫、趾青色，无胫羽。该鸡有快羽和慢羽两个类型。成年公鸡 1.65 千克，母鸡 1.2 千克。母鸡平均开产日龄 157 天，500 日龄平均产蛋 180 枚，平均蛋重 54 克，蛋壳浅褐色。

16. 宁都三黄鸡

宁都三黄鸡又称赣南三黄鸡，属肉蛋兼用型品种，原产于江西省宁都。该鸡体型偏小，颈粗短，背短体宽，胸深，胸肌发达。头较小，喙短而宽、黄色，单冠，冠、肉髯、耳叶均为红色。公鸡颈羽金黄色，背羽、翼羽深黄色或红黄色，鞍羽、镰羽金黄色，胸、腹羽淡黄色，主尾羽黑色闪光，有的杂以黄褐色边，翼羽有的杂以少量黑色或褐色边。母鸡颈羽、翼羽土黄色，胸腹羽淡黄色，背羽、鞍羽黄色。主翼羽少数个体杂以少量黑色或褐色斑，整个尾翼呈驼背状下垂。胫和趾橘黄色，胫内外侧有点状红斑，胫较短。成年公鸡 2.1 千克，母鸡 1.35 千克。母鸡平均开产日龄 133 天，500 日龄平均产蛋 113 枚，平均蛋重 45 克。蛋壳淡褐色，少数褐色或白色。

17. 固始鸡

固始鸡属肉蛋兼用型品种，原产于河南省固始。该鸡种性情活泼，敏捷善动，觅食能力强。体型中等，躯体呈三角形，外观清秀灵活，结构匀称，羽毛丰满，尾型独特。喙短、略弯曲，呈青黄色。冠型有单冠、豆冠，以单冠居多。冠直立，冠齿 6 个，冠后缘冠叶分叉。冠、肉髯、耳叶和脸均为红色。公鸡羽毛呈深红色和黄色，少数黑色或白色，镰羽多带黑色而富青铜光泽。母鸡羽毛以麻黄色为主，黑色、白色较少。尾型有佛手状尾和直尾，佛手状尾尾羽向后上方卷曲，悬空飘摇。皮肤暗白色。胫青色，无胫羽。成年公鸡 2.47 千克，母鸡 1.78 千克。母鸡平均开产日龄 205 天，平均年产蛋 141 枚，平均蛋重 51 克。

（二）土鸡外貌特征

土鸡外貌形态和外观特征是土鸡的经济性状，在商品土鸡生产中往往决定土鸡的售价。不同地区、不同民族的消费者对土鸡的外貌特征和屠体外观要求存在很大的差异。消费者对土鸡的冠形和冠色，羽毛形状、羽毛颜色、羽毛光泽和完整性，皮肤、喙、胫的颜色及胫长、胫围、体重和肌肉丰满程度等都有严格的选购标准。

对土鸡外貌形态和外观特征的要求，主要来自于两个方面。一是土鸡饲养者。为降低成本，提高上市价格，他们首先要求土鸡有好的卖相，羽毛、胫部及皮肤颜色都十分重要。其次是上市日龄和体重。福建省以黄羽、麻羽和黑羽，120～150 日龄体重 1.5 千克左右的土鸡最受欢迎。二是消费者对土鸡的要求，各地因食鸡习惯不同而有变化，有的地方喜食接近性成熟、面红冠大的麻羽、黄羽母鸡，用于白切，色、香、味俱佳；而有的地方以体重较小，1.2～1.5 千克，且胫细、短，胫的颜色为黄色或黑色的黄鸡或麻鸡较受欢迎，可用于清蒸、煨汤等。饲养者要针对当地市场要求选择合适的品种，以适应市场的需要。

1. 基本要求

土鸡一般要求体型大小适中，外观清秀，胸肌丰满，腿肌发达，胫短或适中，头小，颈长短适中，羽毛美观。母鸡翘尾、公鸡尾羽呈镰刀状是土鸡的典型外貌特征。土鸡一般要求饲养130～150天性成熟前上市，性成熟前的鸡体内贮存了大量的营养，如各种维生素、氨基酸、矿物质、脂肪等。这些物质的存贮，增加了营养、口感、风味等，而且近年的研究已表明，性成熟前的公鸡体内的一些未知因子、激素等物质能有效地提高人的思维能力，具有消除疲劳、抗衰老、促进儿童的大脑发育等特殊作用。因而，土鸡上市时要求性成熟达到一定的程度，面部红润、羽毛长齐。

2. 羽毛特征

土鸡羽毛要求丰满，紧贴身躯。土鸡羽色斑纹多样，不同品种差异明显，有黄色、浅黄色、麻羽、浅红色、红色、黑色、芦花羽等。公鸡颈羽、鞍羽、尾羽发达，有金属光泽。土鸡的羽色是其天然标志，不同地方消费者对土鸡的羽色要求不同。

3. 冠形

土鸡冠形多样，以桑椹冠、豆冠、玫瑰冠、杯状冠、角冠和毛冠等最佳，以便与现代肉鸡和三黄肉鸡的单冠相区别。鸡冠颜色要求红润（乌冠除外），冠大，肉髯发达，有的个体有胡须。

4. 喙、胫的特征

喙、胫的颜色有肉色、黄色、青色和黑色等，有的个体呈黄绿色和蓝色。不同的消费者对胫色要求不同，南方市场较喜欢青色胫和黄色胫。土鸡的胫部较细，与快速型肉鸡有明显的不同，有的有胫羽。一般有四趾，有的五趾，爪短直。

5. 皮肤颜色

土鸡皮肤有白色、黄色、乌色、灰色和黑色等。

6. 土鸡外貌特征遗传规律

（1）羽毛颜色的遗传

羽色是鸡品种的一个主要特征，分为无色羽（白羽）和有色羽（淡黄、麻黄、浅红、深红、黑羽等）。有色羽颜色的不同，主要是由于黑色素颗粒、数量、大小、形态以及排列不同。黑色是色素原氧化反应的最后产物，其他颜色是色素原氧化的中间产物。

①白羽的遗传。白羽的遗传分为显性遗传和隐性遗传。显性白羽的鸡与有色羽鸡交配，其后代为白羽；隐性白羽的鸡与有色羽鸡交配，其后代为有色羽。

②黑羽的遗传。鸡的黑羽是色素原完全氧化时产生的，色素原不完全氧化时则产生其他有色羽。在遗传上黑羽对显性白羽为隐性、对隐性白羽为显性。基因纯合的黑羽鸡与其他有色羽鸡交配，其后代为黑羽；基因杂合的黑羽鸡与其他有色羽鸡交配，其后代有黑羽，也有其他有色羽。

③红羽的遗传。红羽鸡，其红色深度从浅红到深红不等，这决定于色素原的氧化程度：色素原氧化程度低，羽毛色泽浅；反之，色泽深。红羽鸡全身羽毛以红色为主，但是翼羽、尾羽、颈有时有黑羽。红羽鸡与显性白羽鸡交配，其后代为白羽；红羽鸡与隐性白羽鸡交配，其后代为红羽。

④黄羽的遗传。黄羽常指浅黄羽，除已知与红羽鸡一样的基因以外，还受其他基因影响。浅黄羽对黑羽为隐性，对隐性白羽为显性。

（2）皮肤色泽的遗传

皮肤的颜色因鸡品种不同而异，主要有白色、黄色、黑色等，它受两种不同来源的色素影响：一种是黑色素，另一种是叶黄素，它们存在于皮肤的真皮层和表皮层。白色皮肤和黄色皮肤受一对常染色体基因控制，白色皮肤对黄色皮肤为显性。叶黄素不能在体内产生，只能直接来源于饲料。当皮下脂肪含有叶黄素时为黄色；当皮下脂肪不含叶黄素时为白色。皮肤性状在屠体外观评定中占有较重要的地位。黄色、毛孔细小、紧而薄的皮肤较受消费者欢迎。

乌骨鸡全身皮肤为黑色，这是由于黑色素的色素细胞分布到全身结缔组织，包括骨骼的骨膜细胞。乌骨鸡在常染色体上有一对黑色素表现基因，在性染色体上无抑制色素基因，皮肤黑色是由这两对基因共同作用的结果。

（3）胫骨皮肤色泽的遗传

鸡的胫骨皮肤颜色遗传是由位于性染色体上一对伴性基因控制，胫部非黑色皮肤（下称非黑脚）对胫部黑色皮肤（下称黑脚）为显性。表现黑脚性状的多为我国地方土鸡，它体型小，生长速度慢，饲料消耗多，母鸡产蛋率偏低，直接用作商品鸡生产成本高，饲养期长；而快大鸡中几乎没有黑脚，需要进行杂交，才能生产出符合市场的配套系。按照伴性遗传原理，采用非黑脚母鸡与黑脚公鸡交配，生产的后代母鸡为黑脚、公鸡为非黑脚；再用第二父本黑脚公鸡与 F_1 黑脚母鸡杂交，生产的商品代公母鸡全部为黑脚鸡。遗传示意图如下：

第一父本　　黑脚公鸡×非黑脚母鸡

↓

第二父本（黑脚公鸡）×F_1（留黑脚母鸡，淘汰非黑脚公鸡）

↓

母鸡、公鸡全是黑脚

用黑脚公鸡与非黑脚母鸡杂交，其后代母鸡全部表现黑脚，但在初生时表现不明显，胫骨皮肤的色素沉着是从 4～6 日龄开始，到 3 周龄前后才转变为黑色。

（4）羽毛生长速度的遗传

羽毛生长速度也是伴性遗传，由性染色体上一对基因控制。在遗传上慢羽对快羽为显性。慢羽型雏鸡出壳时只能见到覆主翼羽，即使有主翼羽也长得很慢，比覆主翼羽短，副翼羽未长出来。快羽型雏鸡出壳时翼羽已开始长出，其中主翼比覆主翼羽长，副翼羽也长出来了。快羽鸡抗寒能力强，维持体温所需的能量少，所以雏鸡生长快，饲料报酬高，有很大的经济价值。我国地方品种鸡大多数是慢羽型。羽毛生长的速度与成年体重无关，但与8～12周龄体重有重大关系。据观察，长羽速度与早期生长速度呈正相关。

（5）体型的遗传

鸡的体型分为矮小型与正常型。矮小型基因有两类：一类位于常染色体上，为半致死基因，表现为软骨发育不正常，甲状腺功能减退等。另一类位于性染色体上（伴性遗传），有两种：一种对正常型为显性，如矮脚鸡（又叫斑坦鸡）；另一种对正常型为隐性（dwarfism侏儒基因，也称隐性矮小基因），隐性矮小基因是一个唯一可使鸡身体矮小而对其繁殖和生活力没有任何显著有害影响的矮小基因，可在生产上利用。

许多人研究了隐性矮小鸡的生长、解剖结构、形态、繁殖力以及身体的成分、生化生理的代谢性状和营养需要等，结果表明：

①隐性矮小型的雏鸡出壳体重不减少，即所生的蛋重与正常型鸡相同，则雏鸡出壳时的重量也相同。但随着雏鸡生长，到成年时，隐性矮小型母鸡较正常型体重减少30%，公鸡减少40%。

②隐性矮小型鸡生长期的体型变小，并不是躯体各部分都变小，而是鸡长骨的长度，特别跖骨较大程度地变短，因而隐性矮小型鸡显得胫短。

③中型或轻型的隐性矮小型鸡的产蛋率较正常型鸡减少10%；但对于重型鸡，隐性矮小型鸡与正常型鸡的产蛋率没有差别，甚至还稍高些。

④隐性矮小型鸡产的绝对蛋重有所减少，约10%，但从蛋重与体重的相对重量看，隐性矮小型鸡的相对重量还大一些。

⑤隐性矮小型鸡产的种蛋孵化率较高。

⑥隐性矮小型鸡对营养需要较正常型低，转化率较高，可省料20%～30%。

（三）土鸡生活习性和生产特点

1. 土鸡生活习性

（1）早成雏

土鸡属早成雏，小鸡一出壳全身布满绒毛，能独立行走和觅食，能躲避敌害和独立生存。这些特点为人工育雏提供了方便。

（2）耐寒怕热

土鸡全身布满羽毛，形成了良好的隔热层，加之每年秋季要重新换羽过冬，因此土鸡不怕冷。但土鸡没有汗腺，加之全身羽毛形成的有效保温层，散热主要依靠呼吸和排泄，因此土鸡怕热。当气温超过26.6℃时，随着气温的上升，呼吸散热更为明显；当气温超过30℃时，产蛋率下降；当气温超过36℃时，鸡群会出现中暑死亡。土鸡在放牧饲养的条件下沙浴可防止中暑。

（3）性成熟较晚

土鸡性成熟较晚，一般土鸡的开产时间为150～180日龄。土鸡的性成熟受季节影响较大，春天饲养的土鸡开产早，秋季饲养的土鸡开产晚。

（4）有就巢性、产蛋量低

就巢性也称抱性，是土鸡繁殖后代的一种本能。自然条件下土鸡通过抱窝孵化小鸡。土鸡就巢时停止产蛋，因此土鸡产蛋量低，年产蛋量一般为 80～120 枚。

（5）冬休性

土鸡的产蛋性能受营养、温度和光照的影响较大，每年春、秋季是其产蛋率较高的时期。冬休性是指鸡在光照时间缩短、气温下降、营养供应不足的自然条件下停止产蛋的一种习性。土鸡生产要均衡发展，就要人为地创造有利于土鸡产蛋的环境条件。

（6）食性杂

土鸡食性杂，长期放牧饲养的土鸡能采食树叶、草籽、嫩草、青菜、飞虫、蚂蚁、蚯蚓、蝇蛆、沙砾等，也可在果园、收获后的庄稼地采食落在地上的果实和粮食。土鸡耐粗饲的能力很强，但在粗饲条件下生长缓慢。土鸡主要靠角质化的喙啄食，对食物的机械消化作用主要在肌胃内进行，鸡的嗉囊作为食物的暂存场地。鸡的嗉囊与腺胃、腺胃与肌胃交接处狭窄，易阻塞。因此，加工饲料时，要防止枯枝、铁丝、铁钉、羽毛、塑料布、编织线、棉线和不易消化的青草混入饲料，以免被鸡误食形成阻塞，而后发展为软嗉、硬嗉病。放牧饲养时，注意清理牧场异物。

（7）群居性强，易于建立条件反射

土鸡有很强的群居性，喜欢成群活动采食，特别是以 1 只公鸡为首形成的自然交配群。鸡生长到一定的日龄，相互之间常争斗。根据个体之间争斗能力的强弱在鸡群中形成一种由强到弱排成的秩序（群体序列）。群体序列利于群体的稳定。放牧饲养时，早上放出之前和晚上收圈时用哨子或口哨给鸡一个信号，然后再喂料，反复进行训练，经过 1 周后，鸡群就会建立起条件反射。晚上收圈时吹哨子或打口哨，鸡群就会回到舍内。

（8）体型小，体重轻，善飞翔，活泼好动

土鸡体型小，体重轻，羽毛丰满，利于飞翔、攀高。放牧饲养条件下，活动范围广，采食面积大，对生产是有益的。大规模高密度饲养条件下则会发生争斗、啄肛、啄羽。

（9）栖高习性

土鸡晚上喜欢在树枝、木杆、绳索上休息，也喜欢飞到高处，对此，饲养管理过程中应给予足够的重视，防止损坏电线、水管，或鸡只外逃。

（10）换羽

土鸡有换羽的习性。换羽分为年龄性换羽和季节性换羽。小鸡出壳后全身布满绒毛，随日龄的增加逐渐将绒羽换成正羽；70～140日龄又开始第二次更换羽毛。如果在土鸡新羽刚长出、旧羽未完全脱换完毕时屠宰上市，则新羽很难拔净，留在皮肤内影响屠体美观。慢羽型的土鸡在90日龄时背部、颈部、腿部和腹部的羽毛尚未长齐，“卖相”不佳。每年的夏末、秋季和初冬，土鸡群会出现季节性换羽。换羽时土鸡停产，因此应防止季节性换羽。换羽期间应配以足够的蛋白质、维生素和含硫氨基酸，以保证羽毛正常生长所需的营养。

（11）敏感性强，应激反应大

土鸡神经质，反应敏感，易受惊吓而逃避到树枝丛、掩护物下或打堆，出现挂伤、夹伤、抓伤等现象。因此，饲养土鸡的场所应避免噪声、陌生人、外来动物和转群等不良刺激，给其创造一个安静、稳定的生长环境。

2. 土鸡生产特点

（1）品种多为我国的地方良种鸡

土鸡来源于我国优良的地方品种鸡，其血统较为纯正。除符合各品种特征外，还具有体型较为紧凑、脚高且细、羽色鲜艳、尾羽高翘等独特的体貌特征。

（2）生长发育较为缓慢，饲养周期长

大多数土鸡需养至 4～5 月龄，体重达 1.2～2 千克方可上市。在正常的饲养管理条件下，每年饲养 2～3 批。

（3）采取放养的饲养方式

土鸡除雏鸡（0～4 周龄）阶段舍内保温育雏外，生长期（5～8 周龄，也称中鸡）和育肥期（9 周龄以上，也称大鸡）采取舍外放养为主的饲养方式。土鸡依靠野外长时间的采光和运动，体质强健，有利于肉质的改善。

（4）食性较广，日粮营养水平低，饲喂方法独特

土鸡除育雏期给予较多的配合饲料外，放养阶段（2～5 月龄）则主要以虫、草、谷等为主，配合饲料为辅的饲喂方法。配合饲料营养水平较低，大多采取清晨少喂、中午不喂、晚间多喂的饲喂制度，以充分发挥土鸡的觅食能力，节省饲料。

（5）性情活泼，具有野性，好斗

土鸡性情活泼，追啄好斗，跳跃能力强。特别是在光线强烈、饲养密度大、接近性成熟时最明显，发生啄癖症的机会较多，给生产带来损失，这是土鸡生产中常见的一个问题。

（6）土鸡有其独特的发病机制和特点

土鸡饲养期长，饲养场地不易消毒，饲养方式简单，受气侯变化影响大，所以有其独特的发病机制和特点。如鸡马立克病，通常以 2～4 月龄发病率最高，多发于 40～60 日龄，快速型肉用仔鸡此时已达上市屠宰日龄，死亡率不高。而土鸡由于生产周期较长，马立克病的发生较多，雏鸡出壳后一定要免疫接种鸡马立克病疫苗。土鸡由于长期户外活动，且采食较多的虫、草，因而其呼吸道疾病较少发生，而寄生虫病较多。此外，由于土鸡多采用厚垫料育雏方式，球虫病多发，防治费用较高。

（四）土鸡消费特点和饲养前景

1. 土鸡消费特点

土鸡消费的热潮兴起于20世纪90年代以后，消费热点主要是大中城市、经济发达的南方和东南沿海地区。由于各地消费爱好和消费习惯不同，土鸡的消费市场仍有明显的消费特点。

（1）土鸡消费市场的地域性差别

两广一带的消费者喜食黄色皮肤、黄色脂肪的三黄土鸡，特别是即将开产的小母鸡，而不喜欢吃公鸡。上海、江苏、浙江、河南、安徽、江西、湖南、四川等地的消费者喜食青脚青腿、黑脚黑腿的土鸡。我国北方大部分地区对土鸡的羽色、肤色要求不严，但喜吃公鸡。福建省闽西长汀、上杭一带民众喜食河田鸡；闽南泉州一带民众喜食德化黑鸡；闽北建瓯、建阳一带民众喜食辰山鸡。

（2）人们对土鸡的消费习惯

土鸡的消费者喜欢在农贸市场购买鲜活鸡，这是因为鲜活鸡易于鉴别是否为真正土鸡。土鸡鲜宰后烹饪风味佳。

随着我国市场经济的发展，土鸡被加工成白条鸡、速冻鸡等半成品商品摆放在超市里供消费者选择购买。这种销售方式是未来土鸡销售的主要方式，如远山河田鸡现已采取这种销售方式。

（3）土鸡的消费群体

土鸡以其独特的风味、优良的肉质赢得了众多消费者的认可，其价格一般较高，因此土鸡的主要消费者是有一定经济实力的消费群体。他们比较注重土鸡的质量、安全性和风味，较少考虑价格。因此，土鸡生产的健康发展，依赖于土鸡生产者自觉地执行无公害养殖技术，规范市场行为，避免商品杂交肉鸡冒充土鸡等不良现象发生。

2. 土鸡饲养前景

（1）土鸡肉质肉味独特，营养丰富，需求量大

土鸡的上市日龄为130～150天，肌纤维细、肌肉紧凑、肉质细嫩、脂肪少、无腹脂、皮脆骨细、味道鲜美、鸡汤清香。土鸡肉营养丰富，富含多种矿物质、维生素、类胡萝卜素，胴体中脂肪含量在7%以下，蛋白质含量高于20%，含有人体必需的8种氨基酸。因此，土鸡是补充蛋白质、矿物质和维生素的理想食品，被公认为是最佳的滋补品之一，适合老人、儿童、孕产妇和病人食用。以上特点决定了土鸡是家庭、酒店和食品加工厂的最佳原料鸡，市场需求量很大。

（2）土鸡饲养投资省、可生态养殖

土鸡采用放养方式饲养，鸡舍可以因陋就简，投资省；此外土鸡放养时，活动面积大，阳光充足，空气新鲜，鸡群体质健壮，肉质良好，风味增加；同时鸡粪便可以就地给果树、林树增加氮肥。因此，放养的土鸡也成为现代人的美味和营养、“绿色”食品，在肉鸡销售市场所占的份额逐年增加，成为目前养殖业的热点。

（3）土鸡价格高、饲养效益可观

土鸡的主要消费者比较注重土鸡的质量、安全性和风味，较少考虑价格，其价格一般是普通肉鸡的3～4倍，饲养效益可观。

（4）土鸡饲养可充分利用自然资源

土鸡中后期放牧期间，在野外可以觅食一些昆虫之类的动物性饲料及青饲料和矿物质，能充分利用自然资源，鸡很少发生营养缺乏病，可降低饲养成本。

二、土鸡场建筑设计与设备

土鸡放养方式即是生长期阶段白天利用丘陵山地、果园、林地、荒山、荒坡、冬闲田放养，与早晚补饲全价配合饲料相结合的轮养方式。其场址的选择和鸡场的建筑设计、设备的配套与一般的饲养方式有所不同。

（一）场址选择

选择鸡场场址时，首先要考虑场址的自然条件和社会条件。自然条件包括地形、地势、土壤、水源水质、地质土壤、气候等。社会条件包括交通、供电、社会风俗习惯、经济条件、疫情等。场址的选择对鸡场的建设投资、鸡群健康、生产性能、生产效率和成本等有直接影响。

1. 自然条件

（1）地势地形

地势是指场地的高低起伏状况；地形是指场地的形状、范围以及地物，如岭、河流、道路、树林、草地、居民点等的相对平面位置状况。养鸡场的场地应选在地势较高、干燥平坦且有一定坡度、排水良好和向阳背风的地方，坡度以3%～5%为好，最大不超过25%。建筑区坡度应在2.5%以内。

平原地区一般场地比较平坦、开阔，场址应注意选择在较周围地段稍高的地方，以利于排水。地下水位要低，以低于建筑物地基深度0.5米以下为宜。山区建场还要注意地质构造情况，避开断层、滑坡、塌方的地段；也要避开坡底和谷地以及风口，以免受山洪和暴风雨的袭击。

（2）水源水质

对水源的基本要求是：水量充足，水质良好，取用和防护方便。对水质情况需了解酸碱度、硬度、透明度，有无污染源和有害化学物质等。如有条件则应提取水样做水质的物理、化学和生物污染等方面的化验分析。水质标准可以参考人的公共卫生饮水标准。一般每只鸡昼夜用水量以0.5～1千克计算。

（3）地质土壤

对鸡场地质状况的了解，主要是收集工地附近的地质勘察资料。建鸡场土质一般以砂壤土为好，要考虑是否便于排水，雨后场区不致积水而造成泥泞。

（4）气候因素

主要了解与建筑设计有关和造成鸡场小气候的气候气象资料，如气温、风力、风向、日照情况及灾害性天气的情况等，以便选择适宜的鸡舍类型，确定朝向距离、次序。

（5）林地、果园养鸡

场地选择除考虑上述因素外，还要考虑林地、果园的特点。林地、果园以中成林，最好是成林为宜。树枝干应高于鸡舍门窗，以利于鸡舍空气流通。每座鸡舍距离30～50米。鸡舍运动场比周围稍高，倾斜度以10°～20°为宜，不应高于30°。

2. 社会条件

（1）“三通”条件

指供水、供电、交通条件。供水及排水要统一考虑。鸡场的育雏、机械通风以及生活用电都要求有可靠的供电条件，要了解供电源的位置与鸡场的距离、最大供电允许量、供电是否有保证。如果需要可自备发电机，以保证场内供电的稳定可靠。电力安装容量每只鸡以2～3瓦计算。

饲料、产品以及其他生产物资、人员生活物品均需运输，要了解拟建场区交通运输条件是否方便。

鸡场污水排出的条件也很重要，了解当地排水系统，如排水方式、纳污能力、污水去向、纳污地点、距居民区水源距离、能否与农田灌溉系统结合等。鸡场污水应处理后排放。

（2）环境疫情

拟建场地的环境及附近的兽医防疫条件的好坏是影响鸡场经营成败的关键因素之一，特别注意不要在旧鸡场上建场或扩建。对历史疫情也要做周密的调查研究，特别警惕附近的兽医站、畜牧场、集贸市场、屠宰场所处方位、与拟建场地的距离、有无自然隔离条件等。

3. 鸡场位置的确定

半放牧鸡场建设应节约用地，少占农田，尽量利用山区岗地、荒地等无农耕价值的地段建场或用林地、冬闲地、果园养鸡，实行种养结合，提高效益。建场土地面积，应该根据鸡场的性质、规模和饲养方式等具体情况确定。修建鸡场既要考虑生产、运输方便，又要注意环境保护，还要考虑场内鸡群的防疫工作。鸡场位置的确定需要注意下面几点。

（1）离城市距离

鸡场宜选在近郊，以方便供应市场，一般以距消费市场20～50千米为宜，汽车一日可往返两次，便于工作。

（2）离交通要道距离

为了有利于鸡场环境控制和防疫，鸡场应远离铁路、公路等交通要道，车辆来往频繁的地方，距离应在500米以上；离次级公路也应有100～200米的距离。

（3）离化工厂距离

化工厂排放的废水、废气中含有重金属及有害气体、烟尘及其他微细粒子。若鸡场建在这些工矿区，鸡群长期处在公害严重的环境中，鸡体和产品中也会积留有害物质，对人体健康不利。因此，应远离化工厂。

（4）离居民区距离

鸡场应远离居民点1000米以上，距离屠宰场、畜产品加工厂、皮革加工厂和兽医院等生物污染严重的地点越远越好，至少应在3000米以上。

（二）土鸡饲养场布局

放养方式饲养土鸡，每批鸡饲养量500～3000只为宜，所以养鸡场饲养规模较小，其总体布局较简单，但鸡场的总体布局也要科学实用，因地制宜。根据拟建场区的自然条件，确定各种房舍和设施的相对位置，包括各种房舍分区规划、道路规划、供排水和供电等管线的线路布置以及场内防疫卫生的安排。合理的平面布置可以节省土地面积，节省建场投资，给日后管理工作带来方便。

1. 利于防疫

生产区与生活区要分开，非生产人员不准随便进入生产区。生活区地势要高于生产区，且与生产区有一定的距离，以保证空气清新。

根据地势的高低、水流方向和主导风向，按人、鸡、污的顺序，将各种房舍和建筑设施按其环境卫生条件的需要次序排列（图2-1）。

首先，考虑人的工作和生活集中场所的环境保护，使其尽量不受饲料粉尘、粪便气味和其他废弃物的污染。其次，需要注意生产鸡群的防疫卫生，尽量杜绝污染源对生产鸡群的环境污染。如地势与风向在方向上不一致，则以风向为主（一般按夏季主风向）。对因地势造成水流方向的地面径流，可用沟渠改变流水方

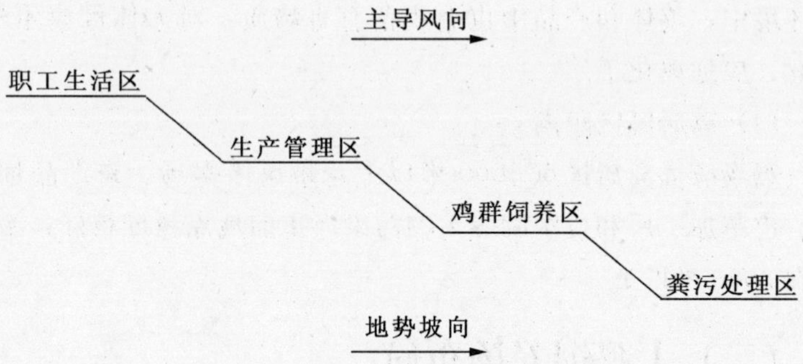

图 2-1 根据地势和风向划分场区

向，避免污染鸡舍；或者利用侧风向避开主风，将需要重点保护的房舍建在“安全角”的位置，以免受上风向空气污染。根据拟建场区土地条件，也可用林带相隔，拉开距离，将空气自然净化。对人员流动方向的改变，可筑墙阻隔等其他设施或种植灌木加以解决。

2. 便于生产管理，减小劳动强度

在进行鸡场各建筑物布局时，既要尽量减少占地面积，又要科学合理，以利于防疫。鸡舍排列应整齐，以使饲料、粪便、产品、供水及其他物品的运输等呈直线往返，减少拐弯。

3. 减少投资，缩短道路和管线

鸡场内的道路、管线、供电线路设计是否合理，对资金投入有较大影响，此外，道路还直接影响建筑物的排列和布局。各建筑之间的距离应尽量缩短，以缩短修筑道路、管线的距离，减少投资。

4. 实行轮牧饲养

林地、果园、荒坡、小丘陵地养鸡要实行轮牧饲养，因此，育雏舍尽可能建在轮放饲养地的中央位置。

（三）鸡舍设计要求

1. 鸡舍的朝向

指鸡舍长轴与地球经线是水平还是垂直。鸡舍朝向的选择应根据当地气候条件、地理位置、鸡舍的采光及温度、通风、排污等情况确定。舍内的自然光照依赖阳光，舍内的温度在一定程度上受太阳辐射的影响，自然通风时舍内通风换气受主导风向的影响。因此，必须了解当地的主导风向、太阳的高度角。我国地处北纬 20°～50°，各地太阳高度角因纬度和季节的不同而不同。鸡舍朝南，冬季日光斜射，可以充分利用太阳辐射的温热效应和射入舍内的阳光，以利于鸡舍的保温取暖；夏季日光直射，太阳高度角大，阳光直射舍内很少，有利于防暑降温。所以，在我国大部分地区，选择鸡舍朝南是有科学根据的。

鸡舍内的通风效果与气流的均匀性、通风的大小有关，但主要看进入舍内的风向角度多大。若风向角度为零，则进入舍内的风为“穿堂风”，在冬季鸡体直接受寒风的侵袭，舍内有滞留区存在，不利于排除污浊气体，在夏季不利于通风降温；若风向角度为 90°，即风向与鸡舍的长轴平行，风不能进入鸡舍，通风量等于零，通风效果最差；只有风向角度为 45°时，通风效果最好。

2. 鸡舍的间距

从防疫、防火、排污、建筑的日照间距要求等几种因素综合考虑，决定鸡舍的间距。一般以鸡舍高度的 3～5 倍作为鸡舍间距，即可满足各方面的要求。

3. 鸡舍的跨度和长度

鸡舍的跨度一般不宜过宽，半放养鸡舍，一般没有机械通风，鸡舍高度较低，靠窗户自然通风，其鸡舍跨度以 6～10 米为宜，这样舍内空气流通较好。鸡舍的长度没有严格的限制，但考虑到工作方便和饲养的方式，一般以 20～50 米为宜。

4. 鸡舍高度

鸡舍高度根据饲养方式、鸡舍大小、气候条件而定。鸡舍跨度不大、平养、气候不太炎热的地区，鸡舍不必太高，一般从地面到屋檐口的高度为 2 米左右；鸡舍跨度大、炎热的地区，可增高到 2.5 米左右。

5. 屋顶

一般常采用双坡式，但也可以根据当地的气候环境采用单坡式。在气温较高、雨量较大的地区，屋顶的坡度以大为好，最好加设顶棚，其上填放稻壳或保温材料等，以增强隔热性能。

6. 墙壁与地面

墙壁的有无、多少或厚薄主要决定于当地的气候条件和鸡舍的类型。气温高的地区，可以建造简易的棚舍或半开放式舍。气温低的地区，墙壁要有较好的隔热能力。

（四）鸡舍建筑

放养的土鸡分为育雏期和生长期。有的从 1 日龄至出售都在同一栋鸡舍内饲养，只是前期必须保温，后期不必保温；有的前期保温阶段在育雏舍饲养，后期才移转到生长鸡舍。

1. 育雏舍

育雏舍是饲养出壳到 3～6 周龄雏鸡的专用鸡舍。设计育雏舍时，要特别注意做到保温良好、光亮适度、地面干燥、空气新鲜、工作方便。平面育雏的育雏舍，其墙高以 2.4 米为宜；多层笼养育雏舍，其墙高要 2.8 米。育雏舍的墙过高不易保温，会造成舍内上部温度很高，而雏鸡生活的地面温度不够。这不但浪费燃料，而且导致雏鸡发育不良。育雏舍的屋顶要设天花板，以利于消毒、保温和防鼠。此外，育雏舍与生长鸡舍应有一定的距离，以利于防疫。

2. 生长鸡舍

土鸡放养后期的生长鸡舍主要用于放养时夜间休息或避雨、避暑。生长鸡在舍内饲养时，密度大，要特别注意通风换气，否则，舍内空气污浊，会导致土鸡增重减缓，饲养期延长。生长鸡鸡舍的面积大小、长度和高度，一般都随饲养的规模、饲养的方式、饲养的品种不同而异。通常根据一个饲养员的管理能力而定，在以手工操作为主的情况下，每人可饲养土鸡1000～3000只。土鸡后期半放养属于粗放式饲养，其鸡舍建筑一般就地取材，因陋就简，尽量做到省钱实用。

（1）空闲房舍、庭院

农村家庭一般都有空闲房舍，只要经过适当修理，使其符合养鸡要求，一般都可利用空房作鸡舍养鸡，以节约鸡舍建筑投资。但作鸡舍的房舍要求保温隔热性能好，夏凉冬暖；通风、排水好，舍内干燥不潮，采光面适宜，舍内自然光照充足。

（2）塑料大棚

塑料大棚原用于种植蔬菜，经改建用于饲养优质鸡可取得良好的经济效益。它的突出优点是投资少，见效快，不破坏耕地，节省能源。与建造固定鸡舍相比，资金的周转回收较快，一般当年可以回收投资，并可获利。缺点是管理维护麻烦、潮湿和不防火等。

塑料大棚养鸡，在通风、取暖、光照等方面可充分利用自然能源：冬天利用塑料薄膜的“温室效应”提高舍温，降低能耗；夏天棚顶盖厚15厘米以上的麦秸草或草帘子，棚底敞开80厘米，拉上护网。

（3）简易鸡舍

用木桩做支撑架，搭成2米高“人”字形屋架，四周用塑料布或饲料袋围好，屋顶铺上油毛毡；地面铺上干稻草，鸡舍四面挖出排水沟。这种简易鸡舍投资省，建造容易，便于撤除，适合小规模冬闲田、果园养鸡或轮牧饲养法。

（五）土鸡放养牧场要求

土鸡放养，在饲养的中后期，白天天晴时须将鸡放到鸡舍周围的林地、山坡、果园或其他闲地的运动场进行放牧饲养，充分利用林地、山坡、果园的杂草、飞虫、蚂蚁等天然生物资源，促进鸡的生长，提高肉质。运动场位置要比鸡舍地面稍低，且干燥；有一定的坡度，便于排水，以防场内雨后积水。林地、山坡、果园运动场需要的面积以每只鸡占地 1.5 米^2 左右为宜。运动场的四周须用尼龙网或竹片等围起来，以防鸡四处流窜。

（六）土鸡饲养常用设备

鸡场采用放养方式饲养土鸡，其设备往往比较简陋，只要有保温、喂料和饮水设备，就能满足生产要求。

1. 供暖设备

（1）煤火炉

煤火炉是最经济的保温设备，如果鸡舍保温性能良好，一般 15～20 米^2 用一个火炉即可。火炉的炉膛要用黄泥制成，厚 4～5 厘米，以防散热过快。在距火炉 15 厘米的周围用铁丝网或砖隔离，以防雏鸡进入火炉烧死或垫料燃烧引起火灾。火炉烟道要根据风向放置，以免烟囱口经常迎风，使火炉倒烟。特别要注意雏鸡易发生一氧化碳中毒。

（2）保温伞

用电做热源的一种伞形育雏器。保温伞由电炉丝接通电源后散热。通常伞面可用铁皮制作，直径 1.2～1.6 米、高 60～70 厘米、向上倾斜成 45°角，内装有自动调节温度装置。一般每个保温伞可容养 500 只鸡左右。

(3) 地下火炕

在鸡舍内地面下挖沟，从鸡舍一端中间引向另一端，然后绕回始端，烟道随屋山墙向上引出屋顶，要求火道有一定坡度。火道始端垒制火炉，火炉垒一火膛，火膛顶部离地面有一定的高度，用煤和木材取暖。为使舍内温度相对均匀，火炉的远心端火道离地面近一些，近心端火道离地面远一些。也有把火道设置在地面上，从鸡舍中间引向另一端，然后拐弯随前后墙回始端。如果育雏面积不大，垒制火道随墙引向一侧或两侧。火炕地面上铺设一层细沙或垫草。如果舍内温度低，可以在离地面一人高处搭起塑料薄膜，以提高舍内温度。

(4) 红外线灯泡

小型鸡场常用。靠红外线灯散发热量，保温效果也很好。灯泡规格一般是 250 瓦，1 个红外线灯泡可保温 100～200 只雏鸡，通常将 2～3 个红外线灯泡联用，挂在离地 35～40 厘米的高处，可保温 300～500 只雏鸡。红外线灯泡优点是温度稳定，室内干燥；其缺点是耗电量大，成本高，易损坏。特别注意在通电时不能碰到水。

2. 饮水设备

(1) 真空式饮水器（图 2-2）

用塑料制成，由水筒（圆桶）和水盘两部分组成。水筒的顶部呈锥形，水筒的顶部和侧壁一定不能漏气，底盘的大小应根据鸡的大小而定，要求只能让鸡喝到水而不能让鸡站在水中。水筒的底部开有 1 个圆孔，孔的位置不能高过圆盘的上边缘，以免水溢出圆盘外。当圆盘内水位低于圆孔时，水由桶内流出；当水将圆孔堵住时，水流停止。目前有不同规格大小的塑料制成的真空饮水器。

（2）吊塔式饮水器（图 2-3）

适用于大规模的平面饲养，能保持干净的水质，但内部设备要求高。供水靠饮水器本身的重量来调节，上面与供水管连接。水少时，饮水器轻，弹簧可顶开进水阀门，水流出；当水重达到一定限度时，水流停止。

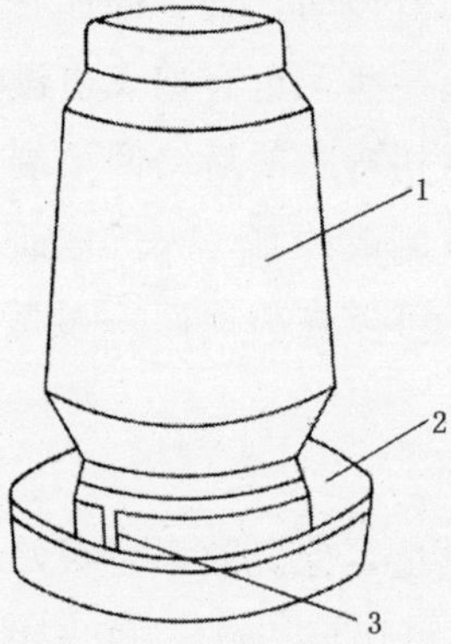

图 2-2 真空式饮水器

1. 水桶 2. 饮水器盘 3. 出水孔

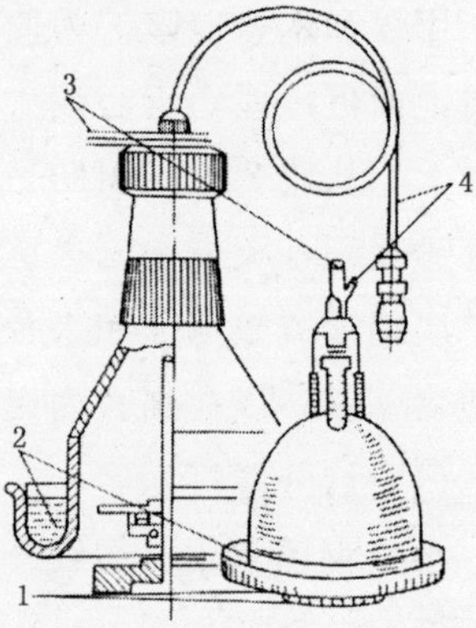

图 2-3 吊塔式饮水器

1. 底盘密封盖 2. 饮水盘 3. 吊扣 4. 进水管

（3）V 形水槽

V 形水槽可用镀锌铁皮、塑料制成。其优点是鸡喝水方便，制作简单，成本低。其缺点是水易受到污染。水槽下面设有流水沟，以免水槽的水被鸡洒到垫料上，将垫料弄湿发霉，产生不良气体，危害鸡群健康。

（4）自制饮水器

①自制雏鸡用饮水器（图 2-4）。可用玻璃罐头瓶、可乐瓶或玻璃杯和盘子制作，其方法是将杯或瓶口用钳子剪出一小块，形成一个小缺口。使用时将瓶内装满水，扣上盘子，一手托住瓶

底，一手压住盘底，翻转 180°，使杯或瓶倒立在盘里，水便从缺口处流出，直到淹没缺口自动停止。

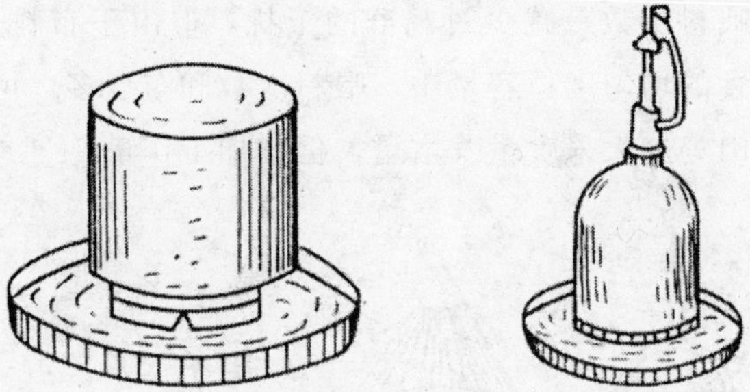

图 2-4　自制雏鸡用饮水器

②自制中鸡或大鸡用饮水盆（图 2-5）。用一个搪瓷盆或塑料盆装水，将若干根竹竿或小木棍上端捆扎在一起，下面等距离地将棍子架设在盆的周围。鸡只能从棍子的间隙中伸头饮水，却不能进入盆内，从而保持饮水清洁。

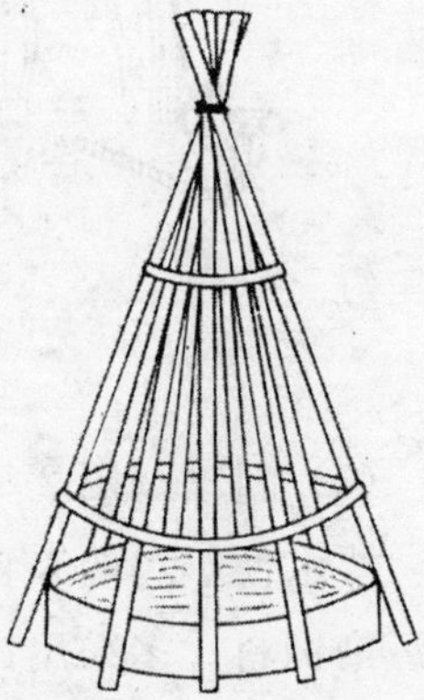

图 2-5　自制中鸡或大鸡用饮水盆

3. 喂料设备

（1）料盘（图 2-6）

适用于雏鸡饲养，有方形、圆形等不同形状。面积大小视雏鸡数量而定，一般为 60～80 只/个，圆形开食盘直径为 35 厘米或 45 厘米。

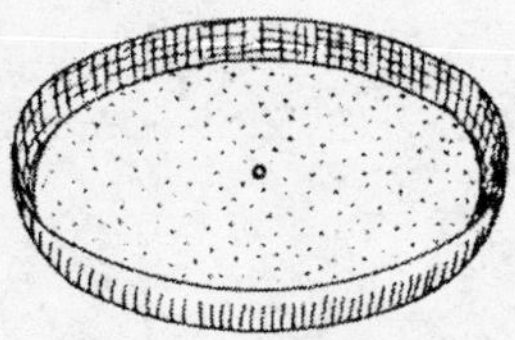

图 2-6　料盘

（2）料桶（图 2-7）

料桶的结构为一个圆桶和一个料盘。圆桶内装上饲料，鸡吃料时，饲料从圆桶内流出，适用于平养中鸡、大鸡。它的特点是一次可添加大量饲料，贮存于桶内，供鸡只不停地采食。料桶材料一般为塑料和镀锌板，容量3～10千克。容量大，可以减少喂料次数，减少对鸡群的干扰，但由于布料点少，会影响鸡群采食的均匀度；容量小，喂料次数和布点多，可刺激食欲，有利于肉鸡加大采食量及增重，但增加工作量。

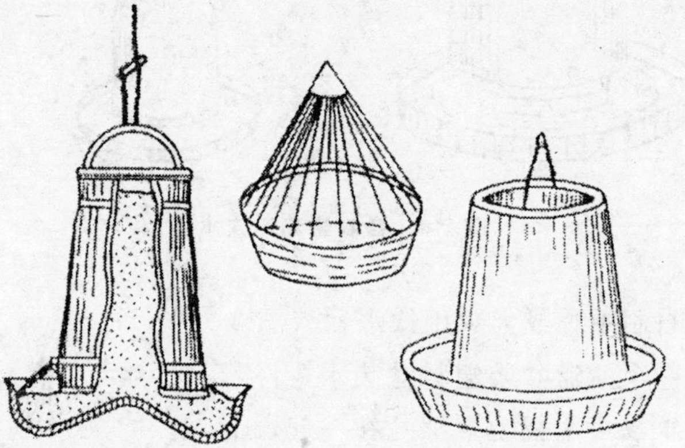

图 2-7　料桶

（3）料槽（图 2-8）

要求便于鸡的采食，鸡不能进入料槽，以防止鸡的粪便、垫料污染饲料。多采用铁皮或木料制成。雏鸡用料槽两边斜，底宽5～7厘米，上口宽10厘米，槽高5～6厘米，料槽底长70～80厘米；中鸡或大鸡用料槽，底宽10～15厘米，上口宽15～18厘米，槽高10～12厘米，料槽底长110～120厘米。

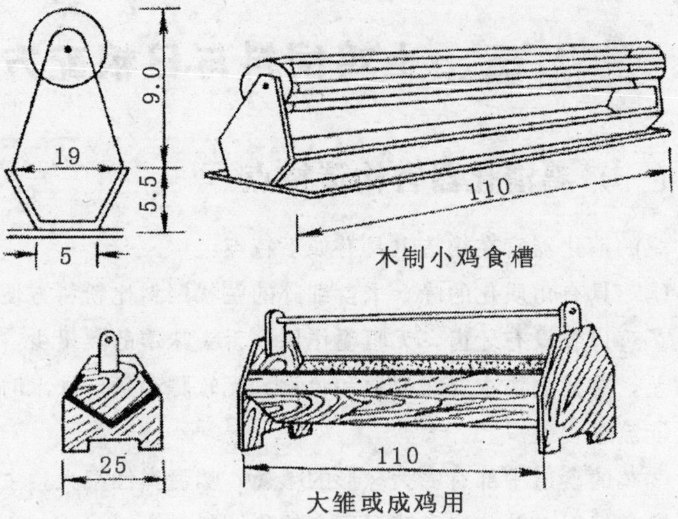

图 2-8　料槽

三、土鸡饲料与日粮配方

（一）鸡消化器官构造特点

鸡的消化器官在构造上具有如下特点：

①鸡具有角质化的喙，采食细碎的粒状饲料比粉料方便。

②鸡口腔没有牙齿，无咀嚼作用。舌头味蕾的数量少，味觉能力差，寻找食物主要靠视觉和嗅觉。无软腭和颊，饮水时靠头仰才能流进食道。

③鸡的食道中部有膨大球形的嗉囊，嗉囊弹性很大，主要作用是贮存饲料，并分泌黏液湿润和软化饲料。

④鸡的腺胃很小，但消化腺特别发达，能分泌大量的消化液（主要是盐酸和蛋白酶），饲料在此停留的时间很短，与消化液混合之后很快进入肌胃。肌胃是鸡特有的消化器官，胃壁特别发达，由坚厚的肌肉构成，胃内表面覆盖着坚韧的角质膜。鸡没有牙齿，全靠肌胃角质膜和采食时积存的沙砾，通过肌肉强有力的收缩运动来磨碎饲料，起着咀嚼作用。

⑤鸡的消化道总长度比较短，容积小，不能在短时间内容纳大量的饲料，所以必须增加喂料的次数或采食的时间，才能获得足够的营养物质。饲料通过鸡消化道的速度比较快，所以营养物质消化吸收不完全，鸡排出的粪便中尚有20%～25%的营养物质未消化吸收。鸡粪中含水70%～75%，每10000只重1.8千克的鸡可日产约1吨的鸡粪。干鸡粪中含粗蛋白质33.5%、粗纤维10%、灰分26%、无氮浸出物22.5%。

⑥鸡对粗纤维的消化率低，其消化道中没有分泌消化粗纤维的酶，饲料中的粗纤维主要在盲肠内由微生物分解，但小肠的内

容物极少量经过盲肠，所以盲肠起的作用极有限。

⑦鸡的泄殖腔是直肠、输尿管、生殖器的共同开口，故其粪便表面有一层白色的尿酸盐。

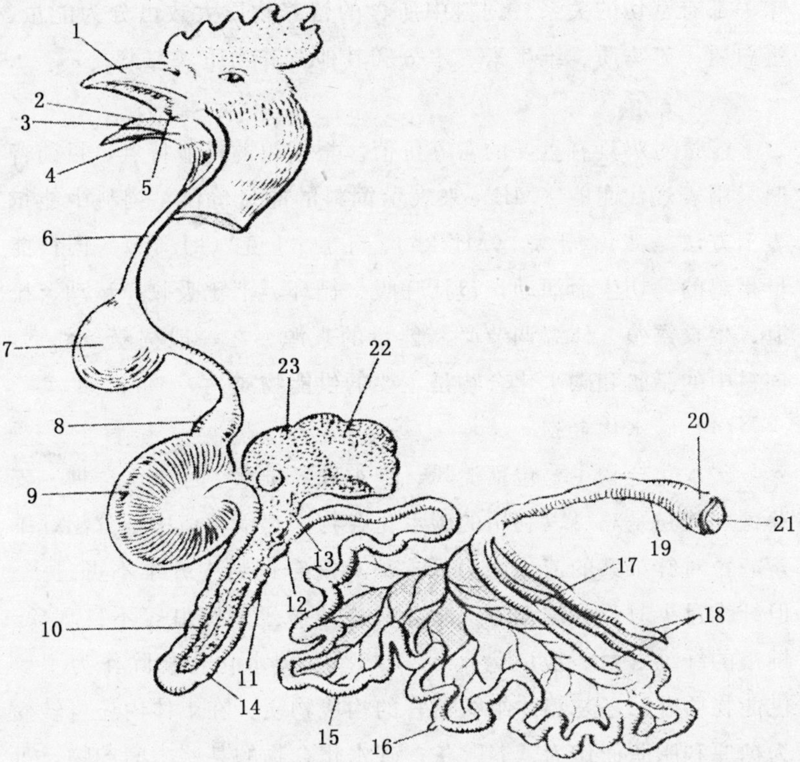

图 3-1　鸡的消化系统

1. 上喙　2. 口腔　3. 舌　4. 下喙　5. 咽　6. 食道　7. 嗉囊　8. 腺胃　9. 肌胃　10. 胰腺　11. 胰管　12. 肝肠管　13. 总胆管　14. 十二指肠　15. 空肠　16. 卵黄柄　17. 回肠　18. 盲肠　19. 直肠　20. 泄殖腔　21. 肛门　22. 胆囊　23. 肝脏

（二）饲料中营养物质及其作用

饲料营养物质与鸡的生长发育、繁殖和抗病力以及鸡肉的风味等都有密切的关系。饲料中所含的营养物质大致可分为能量、蛋白质、矿物质、维生素、水分和其他营养物质六大类。

1. 能量

能量对鸡具有重要的营养价值。根据鸡的排泄特点，目前普遍采用表观代谢能（ME）来表示饲料的能量价值。饲料中能量表示方法是兆焦/千克（MJ/kg）、千焦/千克（kJ/kg）。饲料能量是鸡的一切生命活动，包括呼吸、循环、消化吸收、运动、排泄、生长繁殖、体温调节必需能量的来源。在一般饲养条件下，饲料中的脂肪和碳水化合物是主要的供能物质。

（1）碳水化合物

碳水化合物主要包括淀粉、糖类和纤维素。己糖、蔗糖、麦芽糖和淀粉是鸡可以利用的碳水化合物。鸡消化道中不分泌纤维素酶，对纤维素的消化能力低，故鸡配合饲料中纤维不可过多。但纤维过少时鸡肠蠕动不充分，易发生啄羽、啄肛等不良现象。饲粮的纤维含量一般应为2.5%～5%。碳水化合物除作为主要供能物质外，还是鸡体组织器官的构成物质；在鸡体内还可转变为糖原和脂肪而作为营养贮备；碳水化合物的某些中间产物，可与氨基结合而形成非必需氨基酸，如谷氨酸、丙氨酸等。

（2）脂类

脂类包括中性脂肪和类脂肪，广泛存在于鸡体。脂肪氧化供能效率高，是碳水化合物的2.25倍，热增耗最低，适口性好。国内外通常在肉鸡日粮中添加1%～5%的脂肪，对肉鸡生长，特别是对提高饲料效率和缓解高温影响效果较好。饲用脂肪中应添加抗氧化剂，以防止不饱和脂肪酸的破坏。脂类是鸡体组织细胞的重要组成部分，是合成某些激素的原料，尤其是生殖激素大多需要胆固醇作原料。脂肪还是脂溶性营养素的溶剂，脂溶性维生素A、D、E、K，胡萝卜素和某些色素等均需先溶于脂肪，而后才能被吸收和在体内运转。脂肪可由其他营养成分转化而来，而且大部分脂肪酸均能在鸡体内合成，一般不存在脂肪缺乏的问题；唯有亚油酸在鸡体内不能合成，必须从饲料中摄取，称为必需脂肪酸。必需脂肪酸缺乏的典型症状是水需要量增加，对疾病的抵抗力下降，雏鸡生长不良。以玉米为主要谷物的饲粮通常含有足够的亚油酸，而用稻谷、高粱、麦类为主要谷物的饲粮饲养优质鸡则可能出现缺乏亚油酸现象。

日粮的能量值要在一定的范围内。鸡具有“因能而采食”的特性，即鸡每天采食量多少是由日粮的能量值而定。所以饲料中的能量与其他营养物质要有一个合适的比例，使鸡摄入的能量与各种营养素之间保持平衡，这也是现代营养学中很重要的原则。鸡能把饲料中超出需要的能量物质转化为脂肪贮存在体内，主要贮存在腹腔和皮下。鸡的能量供给不足时，生长缓慢，健康状况恶化，饲料能量用于生产的效率降低。优质鸡后期放养阶段如果精料补充不足，常常发生能量缺乏现象。

2. 蛋白质

蛋白质是构成生物体的基本物质，同时也是生物有机体最重要的营养物质。在新陈代谢中，蛋白质用于机体蛋白质的更新和组织细胞的补偿等，是生命的物质基础，而构成蛋白质的基础物质是氨基酸。

（1）氨基酸的种类

体蛋白含有22种氨基酸。可分为必需氨基酸和非必需氨基酸两大类。

必需氨基酸是指在鸡体内不能合成，或者合成速度慢，量少，不能满足鸡的生长发育需要，必须由饲料中提供的氨基酸。鸡的必需氨基酸有10种：蛋氨酸、赖氨酸、组氨酸、色氨酸、精氨酸、亮氨酸、异亮氨酸、苏氨酸、缬氨酸、苯丙氨酸。对雏鸡来说，甘氨酸也是必需氨基酸。最重要的氨基酸是蛋氨酸、赖氨酸和色氨酸，它们在饲料中的含量常低于鸡的需要量，这3种氨基酸缺乏或比例不当时，其他氨基酸的利用就会受到限制，使蛋白质的合成减少，因此又称其为限制性氨基酸。在生产中，首先要保证这3种氨基酸的供应。

非必需氨基酸是指能在鸡体内生物合成，或者可以由其他氨基酸代替，一般不会缺少的氨基酸，如酪氨酸、谷氨酸、丙氨酸、天门冬氨酸、脯氨酸等。值得注意的是，非必需氨基酸仍是鸡体所需要的，其需要量占氨基酸总量的60%。非必需氨基酸绝大部分由日粮提供，不足部分才由体内合成。

（2）氨基酸的平衡

蛋白质品质的优劣，主要取决于必需氨基酸的种类、含量比例是否合适。必需氨基酸中任何一种氨基酸不足都会影响鸡体内蛋白质的合成，饲养时必须注意氨基酸的平衡，尤其是蛋氨酸、赖氨酸、色氨酸和胱氨酸。必需氨基酸在一般谷物中含量较少，鸡利用其他各种氨基酸合成蛋白质时，均受到它们的限制。蛋白质水平低的日粮更要注意氨基酸的平衡。

实践上单喂植物性蛋白质时，鸡生长慢、产蛋少，而补加一些动物性饲料就能显著改善，主要是动物性饲料中氨基酸组成完善、含量较高，特别是蛋氨酸、赖氨酸含量高，使饲料氨基酸平衡。此外，动物性蛋白质还含有维生素 B_{12} 和未知生长因子。因此，在优质鸡日粮配合时，饲料种类要多样化，补充一部分动物蛋白质饲料或添加人工合成的氨基酸，以保证氨基酸的平衡，这是保持优质鸡日粮全价性的重要措施。

氨基酸缺乏时，鸡生长迟缓，体重轻，羽毛生长不良、蓬乱、无光泽。

（3）氨基酸的有效性

氨基酸的含量常用氨基酸占饲粮的百分比或氨基酸占粗蛋白质的百分比表示，后者常用于比较蛋白质品质。饲料中的氨基酸不仅种类、数量不同，有效性也有很大差别。

近年来，对蛋白质质量的研究已从粗蛋白质和氨基酸发展到可利用氨基酸。可利用氨基酸是指饲粮中可被动物消化吸收的氨基酸，根据饲料的可利用氨基酸含量进行日粮配合，能够更好地满足鸡对氨基酸的需要。

（4）影响必需氨基酸需要量的因素

饲料中必需氨基酸和非必需氨基酸的含量和比例均应保持均衡，才能满足机体蛋白质合成的需要。否则，会促进必需氨基酸向非必需氨基酸的转化，使必需氨基酸的需要量增加。如胱氨酸不足，会增加蛋氨酸需要；酪氨酸不足，会增加苯丙氨酸需要。按含氮量计算，必需氨基酸和非必需氨基酸的最佳比例为6：4。

日粮的能量浓度过高，导致鸡采食量下降，减少了其他营养物质的进食量。因此，日粮的能量浓度提高时，需要提高包括必需氨基酸在内的各种营养物质的浓度。

日粮的蛋白质水平影响必需氨基酸的需要量。当蛋白质水平提高时，必需氨基酸的需要量相应增加。

日粮中某些维生素的含量影响必需氨基酸需要量，如维生素B_{12}、胆碱及硫的不足会妨碍蛋氨酸的利用，蛋氨酸需要量增加；当尼克酸不足时，机体利用色氨酸合成尼克酸，从而增加色氨酸需要量。

日粮中的蛋白质补充料因加工方法不当，如饼类、豆类饲料加热过度，使某些必需氨基酸消化吸收率下降，尤其会降低赖氨酸、蛋氨酸、胱氨酸和色氨酸的吸收率，而使其需要量增加。

（5）蛋白质的不足和过剩

蛋白质是鸡体内重要的营养物质，蛋白质和氨基酸的需要量依鸡的品种、年龄、生产性能而定，当饲料中蛋白质数量和质量适当时，可改善日粮的适口性，增加采食量，提高蛋白质的利用率。当蛋白质不足或质量差时，表现为氮的负平衡，消化道酶减少，影响日粮的消化和利用；血红蛋白和免疫抗体合成减少，造成贫血，抗病力下降；蛋白质合成障碍，使体重下降，生长停滞。当蛋白质供应过剩和氨基酸比例不平衡时，蛋白质在体内氧化产热，或转化成脂肪储存在体内，不仅造成蛋白质浪费，还使蛋白质在胃肠道内引起细菌的腐败过程，产生大量的胺类，增加肝、肾的代谢负担。

在土鸡生产实践中，土鸡生长慢，日粮中蛋白质和氨基酸相对要求较低，所以要合理搭配日粮，保障蛋白质质和量的合理供应，同时，也要防止蛋白质过剩。

3. 矿物质

矿物质是鸡体组织、细胞、骨骼等重要成分，是酶、激素及某些维生素的组成成分或激活剂，在鸡体内参与调节血液渗透压、维持酸碱平衡和神经兴奋性等生理活动，是保持鸡正常生理功能和生产性能所必需的无机营养成分。

鸡体内必需的矿物元素至少有 14 种，根据其含量的不同，可分为常量元素和微量元素两类。鸡体内含量大于或等于体重的 0.01%的元素为常量元素，包括钙、磷、镁、钠、钾、氯和硫；鸡体内含量少于体重的 0.01%的元素为微量元素，包括铁、锌、铜、锰、碘、钴。鸡体内矿物质元素存在形式多种多样，大多数元素以结合态形式存在。矿物质在体内不产生热能，但它参与体内各种生命活动。饲料中矿物质元素的含量过多或缺乏都可能产生不良的后果（表 3-1）。

表 3-1　矿物质元素缺乏症

名称	缺乏症
钙、磷	雏鸡和产蛋鸡对钙、磷的需要量较大，如饲料中钙、磷供给不足，则生长速度减慢；如严重不足，则雏鸡可患佝偻病，成年鸡患软骨病
钠、氯	当缺乏钠和氯时，鸡生长受阻，食欲减退，产蛋率下降，易发生异食癖
镁	因过度兴奋而痉挛，食欲下降，生长停滞
硫	当鸡日粮中含硫氨基酸不足时，生长停滞，羽毛发育不良
铁	典型症状是贫血，表现为体重减轻，倦怠无神，黏膜苍白
铜	贫血症，并引起骨质脆弱、毛退色等。过量的钼也会造成铜的缺乏症状
锰	发生胫骨短粗症，使跗关节肿大，腓肠肌腱从髁骨的腱槽中滑出，脚扭向一侧，鸡不能行走，产蛋鸡的产蛋率下降，蛋壳质量差，孵化率显著降低
硒	可引发鸡渗出性素质病，白肌病、胰脏变性
碘	甲状腺分泌减少，刺激甲状腺肿大，鸡生活力弱，新陈代谢受影响。种鸡性功能下降，产蛋减少，孵化率降低
钴	生长缓慢，孵化率降低

4. 维生素

维生素是一切动物代谢所必需的低分子有机化合物。体细胞一般不能合成维生素（维生素 C、烟酸例外），必须由日粮提供或提供其先体物。消化道的微生物能合成各种维生素，但鸡消化道短，合成量有限，肠道合成的维生素被消化吸收的可能性很小。维生素不是机体的结构成分，也非能源物质，需要量微少，但生物学作用很大。它们主要以辅酶和催化剂的形式广泛参与体内代谢的多种化学作用，从而保证机体组织器官的细胞结构功能的正常，调控物质代谢，以维持动物健康和各种生产活动。维生素缺乏可引起机体代谢紊乱，影响动物健康和生产性能。

目前已确定的维生素有14种，另有类似维生素物质十来种。按其溶解性，把维生素分为水溶性和脂溶性两大类。脂溶性维生素包括维生素A、D、E、K，在消化道随脂肪一同被吸收，吸收的机制与脂肪相同。有利于脂肪吸收的条件，如充足的胆汁和形成良好的脂肪颗粒，也有利于维生素的吸收。鸡必须由日粮提供脂溶性维生素。水溶性维生素主要包括维生素B_1、B_2、B_6、B_{12}，以及泛酸、烟酸、叶酸、生物素、胆碱、维生素C等共10种。B族维生素的主要作用是作为辅酶催化碳水化合物、脂肪和蛋白质代谢中的各种反应。多数情况下，缺乏B族维生素的症状无特异性，食欲下降和生长受阻是其共有的症状（表3-2）。

表3-2　维生素缺乏症

名称	缺乏症
维生素A	鸡出现干眼病，生长发育受阻、抗病力下降、繁殖障碍，产蛋率、孵化率降低
维生素D	可引起骨质钙化停止，雏鸡出现佝偻病，常见行动困难，甚至不能站立；成年鸡骨质变脆变软、骨质疏松、四肢关节变形、肋骨发生变形。种鸡产蛋率、蛋壳质量和孵化率下降
维生素E	种鸡表现为产蛋率、孵化率下降；雏鸡会发生脑软化症、渗出性素质病，肌肉及皮下水肿
维生素K	全身出血，不易凝固。饲料中添加抗生素、磺胺类、阿散酸及发生球虫病等会增加维生素K需要量
维生素B_1	碳水化合物代谢障碍，中间产物如丙酮酸不能被氧化，积累在血液及组织中，直接影响神经系统、心脏、胃肠和肌肉组织的功能，出现多发性神经炎、食欲减退、痉挛、运动失调、消化不良、产蛋率下降等
维生素B_2	母鸡产蛋率、孵化率下降；雏鸡出现膝关节软弱、脚趾麻痹并卷曲呈拳状

续表

名称	缺乏症
泛酸	雏鸡表现为眼分泌物增加，以致与眼睑黏合在一起；喙角及趾部形成痂皮，生长受阻；母鸡产蛋率、种蛋孵化率均下降
烟酸	食欲减退，生长受阻，种鸡产蛋率和孵化率降低，雏禽口腔炎症，羽毛生长不良，痂性皮炎，脱毛
胆碱	发生骨短粗病，关节变形（滑腱症），贫血，生长缓慢，产蛋率下降，死亡淘汰率增高
维生素 B_6	食欲下降，消化不良，增重慢；眼周有褐色分泌物及流泪，视力减退；血红蛋白合成减少，引起贫血；心肌变性、神经系统病变；种蛋孵化率降低
维生素 B_{12}	雏鸡羽毛生长不良、肾脏损害；产蛋母鸡则表现为产蛋率低、种蛋孵化率下降，母鸡肌胃炎症，体况下降
叶酸	贫血，生长缓慢，羽毛脱色
生物素	雏鸡生长缓慢，羽毛干燥、变脆，易患皮炎或骨短粗症；种蛋孵化率降低，胚胎发育过程中出现骨畸形
维生素 C	当处于高温季节、生理紧张、运输等应激状态时，易缺乏

5. 水

水是动物体的主要组成成分，是鸡生命活动过程不可缺少的成分。营养物质的分解、吸收和运输，废物和毒物的排除都必须有水。鸡每进食 1 千克饲料，需 2～3 千克的水。水还有调节渗透压、健全体温调节功能等作用。优质鸡和其他动物一样失去了所有的脂肪和一半的蛋白质仍能活着，但失去体内水分 1/10 则多数会死亡（雏鸡含水 85％、成年鸡含水 55％）。鸡所需的水分 75％靠饮水供给，6％从饲料中来，19％来自代谢水。所以应当把水作为必需的营养物质来看待。

（三）土鸡常用饲料

鸡的饲料种类繁多，根据营养物质含量的特点，大致可分为能量饲料、蛋白质饲料、维生素饲料、矿物质饲料和饲料添加剂等。

1. 能量饲料

能量饲料是指干物质中粗纤维低于18%、粗蛋白质含量低于20%的饲料。它富含淀粉、糖类和纤维素，是优质鸡饲料的主要成分，用量占日粮的60%左右。

（1）谷实类

谷实类饲料淀粉含量高，粗纤维含量少，可利用能量高。这类饲料蛋白质和必需氨基酸含量不足，粗蛋白质含量一般为8%～14%，特别是赖氨酸、蛋氨酸和色氨酸含量少。钙的含量一般低于0.1%，有效磷含量不足，且缺乏维生素A和维生素D。

①玉米。玉米是最主要的饲料之一，含代谢能量高达14.1兆焦/千克，粗蛋白质8%～8.7%。适口性好，易消化。黄玉米富含叶黄素和胡萝卜素，是蛋黄和皮肤、爪、喙黄色素的良好来源。玉米油中含亚油酸丰富。玉米的缺点是蛋白质含量低，且品质较差，色氨酸和赖氨酸含量严重不足，钙、磷和B族维生素（维生素B_1除外）含量亦少。在土鸡日粮中，玉米可占50%～70%。

②小麦。小麦含能量约为12.89兆焦/千克，粗蛋白质含量高，一般为12%～15%，且氨基酸比例比其他谷类饲料适当，B族维生素含量也较丰富。适口性好，易消化，可以作为鸡的主要能量饲料，一般可占日粮的10%～30%。但因小麦中不含类胡萝卜素和叶黄素，会影响鸡的皮肤颜色。当日粮含小麦50%以上时，鸡易患脂肪肝综合征，必须考虑添加生物素。小麦的β-葡聚糖和戊聚糖比玉米高，在饲料中添加相应的酶制剂可促进鸡的

增重，提高饲料转化率。

③高粱。高粱中的碳水化合物和蛋白质含量与玉米相近，总营养价值约为玉米的90%，含代谢能12.3兆焦/千克，粗蛋白质9%。其饲用价值明显受其单宁含量的影响。单宁可降低日粮氨基酸和能量的消化率。深红色的高粱，其皮中含单宁较多，口味涩，鸡不爱吃，喂量应低于10%；低单宁的白或黄高粱一般可占日粮的15%～20%。使用高单宁高粱时，应注意添加维生素A、蛋氨酸、赖氨酸和胆碱等，还应注意必需脂肪酸的补充。

④大麦。大麦碳水化合物含量稍低于玉米，含代谢能约为11.3兆焦/千克，蛋白质含量约12%，品质也较好，赖氨酸含量高（0.44%），烟酸含量丰富，适口性稍差于玉米和小麦而较高粱好。但如粉碎过细并用量太多，因其黏滞，鸡不爱吃。大麦粗纤维含量较多，日粮中的用量以10%～20%为宜。大麦的β-葡聚糖和戊聚糖含量较高，在饲料中添加相应的酶制剂可促进鸡的增重，提高饲料转化率。雏鸡日粮中超过30%，可引起雏鸡生长减慢。

⑤糙大米、碎大米。糙大米是稻谷脱去谷壳后的籽粒，含代谢能约为13.9兆焦/千克，粗蛋白质含量约8.8%，必需氨基酸含量与玉米相近，但色氨酸含量比玉米高。碎大米是糙米脱去米糠制作食用大米时的破碎粒，其代谢能含量与玉米相近，其他营养素含量与糙米相仿或稍高。糙大米、碎大米淀粉含量高，纤维素含量低，易于消化，是水稻产区的主要能量饲料。碎大米、糙大米用量可占日粮的20%～40%。

⑥稻谷。稻谷含20%谷壳，粗纤维高达8.5%以上，故代谢能仅为10.45～10.9兆焦/千克，粗蛋白质7.8%。因含粗纤维多，雏鸡日粮一般不用稻谷。土鸡中后期放养时，可在配合饲料中掺入20%～30%的稻谷。

（2）糠麸类

糠麸类饲料含无氮浸出物较少，粗纤维含量较多，含磷量高，但主要是植酸磷（约70%，鸡对此利用率很低），B族维生素含量丰富。

①麸皮。麸皮是小麦生产面粉过程的副产品，由小麦的种皮、糊粉层和少量的胚和胚乳组成。后者含量多少因加工方法不同而异，也是决定麸皮营养价值的关键。一般麸皮含粗纤维较高（8%～12%），因而其能量较低，代谢能约7.5兆焦/千克，粗蛋白质14.7%。含B族维生素很高。麸皮因质轻、单位重量容积大，又有轻泻性，故在饲料中配合量以10%以下为好。

②次粉。次粉（次等面粉）也是面粉加工过程的副产品，其代谢能10.45～12.1兆焦/千克，粗蛋白质13%～14%。次粉有黏合作用，全价配合料中含10%～20%次粉，有利于制粒。

③细糠。稻谷去壳后的糙米加工成精米过程所得的米糠叫细糠。细糠的主要成分是种皮，含脂肪多，质轻味甜，富含B族维生素，代谢能约11.2兆焦/千克，粗蛋白质12.8%。用量一般不超过8%～10%。细糠加部分谷壳粉称为统糠，其营养水平因两者比例而异。

（3）块根、块茎类

此类饲料水分含量很高（70%～90%），干物质含量少，制成干品后，可作鸡的能量饲料。这类饲料富含淀粉，缺乏其他营养物质，其代谢能9.78～12.3兆焦/千克，粗蛋白质2.5%～4%。在缺玉米而此类饲料又比较便宜的地区可以代10%～20%谷物。但在土鸡中后期放养时可以就地取材直接使用此类饲料。马铃薯、甜菜、南瓜、甘薯等含碳水化合物多，适口性强，产量高，易贮藏。甘薯、马铃薯煮熟以后饲喂可提高适口性和消化率。发芽或贮藏变绿后的马铃薯含有毒物质，应切除后饲喂，清洗或煮沸这种马铃薯的水要倒掉，以免中毒。木薯、芋头的淀粉含量高，多习惯蒸煮后拌于其他饲料中喂给，也可制成干粉或打浆后与糠麸混拌晒干贮存。木薯须除皮浸水去毒（氢氰酸）后饲喂。南瓜含维生素 A 和维生素 B_2 较多，鸡爱吃，可促进羽毛生长和加速增重，一般煮熟喂给，用量占日粮的 10%左右。生喂时可把南瓜切开，让鸡自由啄食。

（4）油脂类和糟渣类

动物脂肪和油脂是含能量最高的能量饲料。动物油脂含代谢能为 32.2 兆焦/千克，植物油脂含代谢能为 36.8 兆焦/千克，适合于配合高能日粮。在饲料中添加动植物油脂可提高生产性能和饲料利用率。饱和脂肪酸与不饱和脂肪酸在吸收上具有协同作用，在饲料中添加牛脂，混入少量植物油，或饲料原料中含有不饱和脂肪酸，是十分有益的，亦可提高牛脂的利用率。添加油脂还可改善日粮品质和生产性能，提高适口性和脂溶性维生素的利用。此外，还可减少饲料的粉尘飞扬。土鸡后期的日粮中一般可添加 2%～3%油脂。脂肪易氧化酸败，从而降低适口性，且易引起机体消化代谢的紊乱。酸败油脂不可饲用，当脂肪和油脂需要保存一段时间，或饲料混合后不立即使用时，应在配合饲料中添加抗氧化剂。

糖蜜、酒糟渣、糖渣、豆腐渣、玉米淀粉渣经风干和适当加工后也可作鸡的饲料。糖蜜通常是制糖工业的副产品，含能量较高，粗蛋白质含量 3%～6%，在日粮中用量在 5%以下为宜，添加过多时可产生轻泻作用。酒糟渣含粗蛋白质和 B 族维生素较多，还含有未知生长因子，但纤维含量较多，不可多用。豆腐渣和玉米淀粉渣中含有较多的能量和蛋白质，加入鸡饲料中，不仅可以代替部分能量和蛋白质饲料，而且还可以促进鸡的生长和健康，喂量可占日粮的 5%～10%。

2. 蛋白质饲料

凡饲料干物质中粗纤维含量低于18%，同时粗蛋白质含量在20%以上的饲料均属于蛋白质饲料。根据来源不同，分为动物性蛋白质饲料和植物性蛋白质饲料两类。

(1) 植物性蛋白质饲料

植物性蛋白质饲料包括饼粕类、豆科籽实及一些加工副产品。

①豆饼（粕）。大豆经压榨法榨油后的产品通称豆饼，用溶剂提油后的产品通称豆粕，它们是饼粕类饲料中最富含营养的一种饲料。蛋白质含量42%～46%，代谢能10.5兆焦/千克。豆粕蛋白质含量高于豆饼，但能量则较低。大豆饼（粕）含赖氨酸高，味道芳香，适口性好，营养价值高，一般用量占日粮的10%～30%。大豆饼（粕）的氨基酸组成接近动物性蛋白质饲料，但蛋氨酸、胱氨酸含量相对不足，故以玉米-豆饼（粕）为基础的日粮，通常需要添加蛋氨酸。加热处理不足的大豆饼含有抗胰蛋白酶因子、尿素酶等多种抗营养因子或有毒因子，鸡食入后蛋白质利用率降低，生长减慢。豆饼加热过度（棕色），使大豆蛋白质产生凝结反应，形成不易被消化的酰胺键产物，导致蛋白质消化率下降，降低其蛋白质的营养价值，特别是赖氨酸损失较大。

②花生饼（粕）。花生饼（粕）营养价值仅次于豆饼（粕），适口性优于豆饼，含蛋白质高达44%～47%，含代谢能为10.8～11.6兆焦/千克。花生饼（粕）含精氨酸、组氨酸较多，其他必需氨基酸含量少于豆饼（粕）。花生饼（粕）易发霉产生黄曲霉毒素，因此，贮藏时切忌发霉。一般用量可占日粮的10%～20%。

③菜籽饼（粕）。菜籽饼（粕）蛋白质含量34%～38%，含

代谢能 7.39～8.15 兆焦/千克，粗纤维含量约 11%，含有一定芥子甙（含硫甙）毒素，具辛辣味，适口性较差。雏鸡全价配合料一般不用菜籽饼（粕），生长鸡用量 5%～8%。菜籽饼（粕）用量过多，鸡会由于甲状腺肿大而影响生长。

④棉仁饼（粕）。棉仁饼（粕）蛋白质含量可达 32%～42%，含代谢能 7.31～9.03 兆焦/千克。微量元素含量丰富、全面，粗纤维含量较高，约 10%，高者达 18%。棉仁饼（粕）含游离棉酚，棉酚含量取决于棉籽的品种和加工方法。一般来说，预压浸提法生产的棉仁饼（粕）棉酚含量较低，赖氨酸的消化率较高。幼鸡对棉酚的耐受力较成年鸡差。棉酚可与鸡体内的铁形成复合物，导致缺铁。添加 0.5%～1% 硫酸亚铁粉，可因其结合部分棉酚而去毒，并可提高棉仁饼（粕）的营养价值。棉仁饼（粕）一般用量不超过日粮的 5%。

⑤其他饼（粕）类。芝麻饼、向日葵仁饼（粕）和亚麻仁饼（粕）等粗蛋白质含量 30%以上，蛋氨酸含量较高，但粗纤维含量也较高。去壳向日葵仁饼（粕）可以代替豆饼（粕）喂鸡，只是喂量不宜过大。亚麻仁饼（粕）喂量过多，会使鸡体不饱和脂肪酸含量上升，体脂变软。用温水浸泡亚麻饼（粕）可产生氢氰酸而使鸡中毒，应加以注意。

⑥豆类籽实。豆类籽实包括大豆、黑豆、蚕豆，含蛋白质较高（25%～40%）。生豆类含抗胰蛋白酶因子等有害物质，应经适当的热处理（110℃、3 分钟）后使用。目前，国内外已广泛应用全脂大豆粉或膨化大豆粉作鸡的饲料，尤其是肉鸡饲料，因大豆粉中不但蛋白质含量高达 38%，而且含油脂多、能量高，故可代替豆饼。

⑦玉米蛋白粉和其他蛋白质饲料。玉米蛋白粉一般含蛋白质 40%～50%，高者可达 60%。但由于必需氨基酸含量甚少，故

蛋白质质量差，饲喂时应考虑氨基酸水平，与其他蛋白质饲料配合使用。玉米蛋白粉经微生物发酵制成单细胞蛋白（酵母）饲料，饲用价值提高。一些糟渣类饲料含蛋白质较丰富，蛋白质含量在20%（以干物质计算）以上可作蛋白质饲料使用。有些酿造厂家将啤酒糟、酒糟等副产品经分离、再加工后制成蛋白质饲料，其饲用价值大大提高，可部分代替豆饼（粕）。

（2）动物性蛋白质饲料

动物性蛋白质饲料包括鱼粉、肉骨粉、蚕蛹粉、蚯蚓粉、虾糠、血粉、羽毛粉及饲料酵母等。其特点是蛋白质和必需氨基酸含量高，矿物质含量多，钙、磷含量很高，B族维生素含量丰富（特别是维生素 B_1 和维生素 B_{12}）。

①鱼粉。鱼粉是养鸡最佳的蛋白质饲料，营养价值高，必需氨基酸含量全面，特别富含植物性蛋白质饲料缺乏的蛋氨酸、赖氨酸、色氨酸，并含有大量B族维生素和丰富的钙、磷、锰、铁、锌、碘等矿物质，还含有硒和促生长的未知因子，是其他任何饲料所不及的。一般进口鱼粉含粗蛋白质60%～65%，多为棕黄色；国产优质鱼粉含粗蛋白质可达45%～60%，呈灰褐色，含盐量高。鱼粉含粗脂肪约10%。一般用量占日粮的2%～8%，可用于调节日粮氨基酸的平衡。选用鱼粉要注意质量，以免引起鸡的食盐中毒。鱼粉用量过多，会使鸡肉和鸡蛋出现不良气味；加工不当或贮存中发生过自燃的鱼粉中含有较多的“肌胃糜烂因子”，此类鱼粉在日粮中添加量过多，可使鸡发生肌胃糜烂症。

②肉骨粉。肉骨粉是动物下脚料、杂骨和检疫不合格的废弃家畜经高温、高压处理后脱脂干燥制成。营养价值取决于所用的原料，饲用价值比鱼粉稍差，含蛋白质50%左右，含脂肪较高，最好与植物蛋白质饲料混合使用，雏鸡日粮用量不要超过5%，中鸡、大鸡日粮可占5%～10%。肉骨粉容易变质腐败，喂前应

注意检查。

③蚕蛹粉、蚯蚓粉。全脂蚕蛹粉含粗蛋白质约54%，粗脂肪约22%；脱脂蚕蛹粉含粗蛋白质约64%，粗脂肪约4%。其维生素 B_2 含量较多。蚯蚓粉含蛋白质可达50%～60%，必需氨基酸组成全面，脂肪和矿物质含量较高。加工优良的蚯蚓粉饲喂效果与鱼粉相似。土鸡中后期放养时，用鲜蚯蚓喂鸡效果更佳。

④羽毛粉、血粉。水解羽毛粉含蛋白质大约80%，含有较多的含硫氨基酸，但赖氨酸、色氨酸和组氨酸含量低，这是羽毛粉蛋白质生物学价值低的主要原因。羽毛粉的加工大多是高压蒸煮后烘干粉碎制成，如制作方法适宜，蛋白质消化率可达75%以上。羽毛粉仅作蛋白质补充饲料，使用量一般限制在2.5%左右。水解血粉是动物鲜血经蒸煮、压榨、干燥或浓缩喷雾干燥或用发酵法制成，呈黑褐色，其粗蛋白质含量达80%以上。但其蛋白质可消化性较其他动物性饲料差，适口性不好，用量一般不超过4%。血粉氨基酸的含量很不平衡，赖氨酸非常多，但异亮氨酸、蛋氨酸缺乏，钙、磷含量很少，铁含量很高，每千克血粉含铁1000毫克。

3. 青饲料和草粉

青饲料是指天然水分含量在60%或60%以上的青绿饲料、树叶类以及非淀粉质的块根、块茎、瓜果类。鸡能消化利用的青饲料仅限于质地细嫩的青菜、苜蓿和某些树叶。青饲料水分含量高，陆生作物水分含量75%～90%，水生作物水分含量95%左右。豆科青饲料蛋白质含量3.2%～4.4%，按干物质计算蛋白质含量可高达18%～24%；禾本科牧草、蔬菜类饲料蛋白质含量1.5%～3%，按干物质计算蛋白质含量可高达13%～15%。青绿饲料蛋白质消化率高，蛋白质质量好。钙与磷比例适宜，胡萝卜素和B族维生素含量丰富。土鸡中后期放养时，经常可以采食到牧地中的青绿饲料。

在土鸡配合饲料中一般以干草粉和叶粉的形式利用青饲料，由于草粉含粗纤维较多，在饲料中使用不宜过多，一般在5%以下。苜蓿草粉是土鸡饲料中常用的优质草粉，其蛋白质含量大部分为15%～20%，氨基酸组成比较平衡，矿物质中钙和有效磷含量较高，并富含丰富的维生素，特别是胡萝卜素和叶黄素含量丰富，有较好的着色效果，有助于皮肤着色。

4. 矿物质饲料

鸡在正常饲养条件下，需要大量补充的矿物元素并不多，常量元素中主要是钙、磷、钠和氯，微量元素中主要是铁、铜、锌、锰、碘、硒和钴。

（1）常量元素矿物质饲料

①钙源饲料。包括石粉、贝壳粉和蛋壳粉。石粉又称石灰石粉，为石灰岩、大理石矿开采的产品，主要成分是碳酸钙。石粉含钙高达34%～38%，价格便宜，但有苦味。贝壳粉是牡蛎等贝壳经粉碎后的产品，主要成分是碳酸钙，含钙量34%～38%。贝壳粉含的钙易被鸡吸收，饲料中的贝壳粉最好有一部分碎块。蛋壳粉由蛋品加工厂、大型孵化场收集的蛋壳，经灭菌、干燥、粉碎而成。蛋壳内残留壳膜和少量蛋白。蛋壳粉含钙30%～35%，蛋白质4%～7%，磷0.09%。

②磷源饲料。包括骨粉、磷酸氢钙、过磷酸钙和磷酸钙。骨粉以家畜骨骼为原料经高压灭菌、粉碎而制成的产品。因原料来源不稳定、加工方法不同，骨粉中磷的含量差异较大。蒸骨粉中钙含量约24%，磷约10%，粗蛋白质10%；脱脂脱胶骨粉，白色粉状，无臭味，磷含量可高达12%～15%；此外，还有未经高温高压处理的骨粉，有机质含量高而磷、钙含量低，常携带大量致病细菌，有异味。有的收购骨头场地，为避免蝇蛆繁衍，喷

洒药剂，导致骨粉带毒。因此，应慎重选用优质骨粉。磷酸氢钙是白色或灰白色粉末，钙含量不低于23%，磷含量不低于18%。磷酸氢钙的磷、钙利用率高，是优质的磷、钙补充饲料。过磷酸钙是白色结晶粉末，钙含量不低于15%，磷含量不低于22%。磷酸钙含钙32%、含磷18%。

③食盐。植物性饲料中含钠和氯元素少，在配合饲料时可利用食盐补充两种元素的不足。鸡的日粮中食盐用量一般为0.37%。日粮中食盐不足时，采食量下降，易导致异食癖，或产生啄羽、啄肛现象。日粮含食盐量较高时，饮水量加大，粪便变稀，舍内湿度提高。若食盐含量过多，饮水不足，可出现食盐中毒。

（2）微量元素矿物质饲料

①硫酸亚铁。含7个结晶水的硫酸亚铁易吸湿而潮解，不易粉碎，使用时很不方便，通常先处理成含1个结晶水的硫酸亚铁，粉碎后备用。

②硫酸铜。硫酸铜通常含5个结晶水，为蓝色晶体，易潮解结块。使用前经烘干处理为1个结晶水硫酸铜，磨细成粉状，防潮保存。

③硫酸锰。生产上多用含有1个结晶水的硫酸锰，其颜色为白色或淡粉红色，粉末，中等潮解性，在高湿条件下贮藏也可结块。

④硫酸锌。生产中多用一水硫酸锌，为乳黄色、白色粉末，潮解性较小。

⑤碘化钾、碘酸钙。碘化钾为白色结晶粉末，易潮解，在温度、湿度较高时易分解形成单质碘而升华逸失。因此，用碘化钾提供碘时，应根据存放时间长短，适当增加碘的保险系数。碘酸钙较碘化钾稳定。纯碘酸钙含碘65.1%。碘化钾或者碘酸钙在

微量元素预混物中占有的比例小，为了混合均匀，常常先将其稀释成一定浓度备用。

⑥亚硒酸钠。亚硒酸钠为无色结晶粉末。亚硒酸钠在微量元素预混物中占有比例很小，为混合均匀，往往先加入一定量载体将亚硒酸钠稀释预混。亚硒酸钠为剧毒物质，操作人员应注意安全。

⑦氯化钴。氯化钴为红色或紫红色结晶。由于钴盐在微量元素预混物中用量很少，为了混合均匀，用载体按一定比例先行预混稀释。

5. 维生素饲料

维生素饲料可分为两类：一类是商品维生素添加剂；另一类是各种青绿饲料以及加工的产品如青贮料、干草粉、树叶粉等。青绿多汁饲料，适口性好，能促进鸡的食欲；胡萝卜素和某些B族维生素含量丰富，并含有一些微量元素，大小鸡都爱吃。农家小规模放养土鸡可有效地利用林地、果园等野外青草及当地常用的青绿饲料，包括各种蔬菜叶、苜蓿、树叶及瓜果。较大规模养鸡的情况下，使用青绿饲料较为困难，多用干草粉（如苜蓿粉）、叶粉（如槐树叶粉、松针粉）补充维生素、矿物质和蛋白质，草叶粉可占日粮的2%～7%。

现代土鸡饲养，在配合饲料中为了平衡、全面地供应鸡的营养，方便饲料加工，维生素已渐为医药化工原料生产的维生素添加剂所代替。

（1）脂溶性维生素饲料

①维生素A醋酸酯。经化学合成法制得维生素A醋酸酯，加入适量抗氧化剂，采用明胶等辅料制成灰黄色至淡褐色微粒。活性成分含量常见的为50万国际单位/克剂型。维生素A醋酸酯易吸潮，遇热、遇酸性气体、见光或吸潮后易分解，使含量

下降。

②维生素 D_3。以维生素 D_3 原油为原料，配以一定量的抗氧化剂，采用明胶和淀粉等辅料，经喷雾法制成米黄色或黄棕色微粒。维生素 D_3 活性成分含量多为 50 万国际单位/克。维生素 D_3 遇热、见光、吸潮后易分解，降低活性成分含量。

③维生素 E。以 dl-α-生育酚醋酸酯为原料，加入适当的吸附剂制成白色或淡黄色粉末。1 毫克 dl-α-生育酚醋酸酯等于 1 国际单位维生素 E。商品维生素 E 的活性成分为 50%。

④维生素 K_3（MSB）。化学合成法制得的维生素 K_3，用明胶微囊包被而成。含活性成分为 50%或 63%。本品为白色或黄褐色结晶粉末。维生素 K_3 遇光易分解，潮湿、高温加速分解，活性成分含量降低。

（2）水溶性维生素饲料

①维生素 B_1。常见的维生素 B_1 有两种产品，即盐酸硫胺素和亚硝酸硫胺素，均为白色粉末，具有吸湿性，极易溶于水。活性成分含量一般为 96%。亚硝酸硫胺素较稳定，在我国南方高温、高湿季节，或者加有氯化胆碱的复合预混料中，维生素 B_1 应选用亚硝酸硫胺素。

②维生素 B_2（又称核黄素）。维生素 B_2 为黄色或橙黄色结晶粉末，对热和空气中氧稳定，对碱、光及紫外线极为敏感，易分解失效。维生素 B_2 易吸潮，应保存在避光、干燥地方。常用的维生素 B_2 浓度为 96%剂型。

③泛酸（又称维生素 B_3）。生产上多用白色结晶粉末的 d-泛酸钙，纯度多为 98%。泛酸钙对湿热不稳定，与酸性物质接触.易脱氨失去活性。

④烟酸（又称维生素 B_5、尼克酸）。烟酸为白色结晶粉末，性质稳定，耐酸、碱、光、热和氧。商品烟酸纯度为 99%。

⑤维生素 B_6（又称吡哆醇）。商品维生素 B_6 是盐酸吡哆醇，为白色结晶粉末，纯度为98%，其活性成分为82.3%。对热和氧稳定，较耐酸。

⑥生物素（又称维生素H）。纯品生物素为白色针状结晶，对光和氧稳定，在弱酸弱碱溶液中较稳定，但强酸、强碱、氧化剂和热都易使其分解。商品生物素含量为2%和1%两种。

⑦叶酸。叶酸为黄色或橙黄色结晶粉末。对空气和热稳定，光、酸、碱、氧化剂和还原剂对叶酸均有破坏作用。商品叶酸含量97%。

⑧维生素 B_{12}（又称钴胺素）。纯品维生素 B_{12} 为红棕色结晶粉末，对热和空气较稳定，易被碱、强酸和紫外线破坏。商品维生素 B_{12} 含量为1%。

⑨氯化胆碱（又称维生素 B_4）。饲料生产上常以70%氯化胆碱水溶液为原料，加入脱脂米糠、玉米心粉或稻壳粉、麸皮、无水硅酸等制成含50%氯化胆碱粉剂。氯化胆碱吸湿性强，性质稳定。它对其他维生素具有很强的破坏作用，因此，在维生素预混物中不加入氯化胆碱。

⑩维生素C（又称抗坏血酸）。维生素C为白色结晶粉末，极易氧化，在光照和高温条件下易破坏。维生素C酸性很强，会影响其他维生素活性，应用时选用包被维生素C。

6. 饲料添加剂

为满足特殊需要而加入饲料中的少量或微量营养性或非营养性物质统称为饲料添加剂，包括营养性添加剂（微量元素、维生素、氨基酸及其类似物等）和非营养性添加剂（抗生素、生长促进剂、驱虫保健剂、酶制剂、诱食剂、饲料品质改善剂等）。在选择与使用各类饲料添加剂、配制预混料时必须做到：使用的抗生素和药物类经过政府有关部门批准，并按规定的使用量及使用阶段进行添加；选用的添加剂原料中有毒、有害成分符合国家卫生标准的规定。

（1）矿物质微量元素添加剂

鸡必需的矿物质微量元素如铁、铜、锰、锌、钴、碘、硒等，需要量虽少，却不可缺乏。在鸡配合饲料中补充鸡对微量元素需要量与基础饲料中微量元素含量的差值。这种添加物提供形式主要有三类产品：首先是无机盐类产品，如硫酸亚铁、硫酸锰、硫酸铜等。为了提高微量元素的吸收率，使用简单有机酸盐类产品（如柠檬酸铁）和微量元素-氨基酸螯合物（如氨基酸铁），后者也叫蛋白微素精。目前最常用的微量元素添加剂是用各微量元素无机盐预混料直接添加到土鸡的配合料中。选择各种微量元素添加物时，必须考虑它们的生物利用性、稳定性、物理性质、价格和铅、汞、砷等重金属含量等。

（2）维生素添加剂

维生素是必需的微量营养成分，每一种维生素都起着其他物质所不能替代的特殊作用，所有用于配合饲料中的维生素，都是用化学和微生物学方法进行大规模工业化生产的。它们的性质和作用都同自然界存在的维生素相同。由于它们是按特殊药物制剂配方生产的，所以在应用效果方面优于天然的维生素，它们的贮存期稳定性可通过采用一些保护措施得到保证。土鸡配合饲料中的维生素添加剂可以直接购买复合鸡用多维，或用单一维生素先配成维生素预混料后添加到全价配合料中。

（3）氨基酸添加剂

天然饲料中的氨基酸含量几乎都不平衡，虽然尽量根据氨基酸平衡的原则配料，但一般来讲不同饲料搭配，也只能改善日粮中氨基酸之间比例，不可能使其达到理想的平衡。工业合成氨基酸产品的应用对降低配合饲料成本，提高配合饲料质量具有重要作用。工业上生产的氨基酸有蛋氨酸、赖氨酸、色氨酸、苏氨酸、精氨酸等，但目前只有蛋氨酸、赖氨酸在配合饲料中得到广泛应用。其他氨基酸如色氨酸、苏氨酸、精氨酸虽有工业产品，但多由国外进口，价值昂贵，尚未在生产中广泛应用。

（4）促生长与保健添加剂

促生长与保健添加剂是指用于刺激动物生长、提高增重速率、改善饲料利用率、驱虫保健、增进动物健康的一类非营养性添加剂。它包括抗生素类如杆菌肽锌、硫酸黏杆菌素、黄霉素、恩拉霉素等；驱虫药物如莫能霉素、盐霉素、马杜拉霉素、氨丙啉等。在优质鸡配合饲料中添加的促生长与保健添加剂的种类、剂量与停药期应符合国家食品安全法有关的标准。

（5）酶制剂

酶是动植物机体合成、具有特殊功能的蛋白质。在鸡饲料中添加的酶主要是消化性酶类，可提高营养物质的消化率，其中最主要的是帮助消化植物细胞壁结构的分解酶类。对鸡消化饲料有帮助的酶有蛋白酶、淀粉酶、糖类分解酶等几种，目前多用发酵法生产酶。酶制剂的选用要根据饲料组成和畜禽种类而定。

一般酶制剂易吸湿，且不耐热，勿存放太久。在一般的制粒条件下酶极不稳定，故须选用耐热性良好的产品。

（6）微生态制剂

随着人们对环境保护及生物安全的关注，甾类激素已被普遍禁用，饲用抗生素的管理更趋严格，集约化养殖造成的环境污染将得到更加严格的控制。应运而生的微生态制剂，是最新型的生物高技术类添加剂，具有抗生素和酶的功能，无残留、无污染、无副作用，如促康生（既含有乳酸杆菌，也有芽孢杆菌，且饲用效果良好）、EM 制剂等。

微生态制剂一般都禁止与磺胺类、抗生素类或化学类药物同时使用，但可与酵母培养类及肽类联合使用；有些微生态制剂（如乳酸杆菌类）不能耐受高温，因此，最好在饲料制成颗粒后再添加。微生态制剂一般要求避光保存，放置在5～15℃的阴暗处，严防冻结和日晒。

（7）抗氧化剂

抗氧化剂可以防止饲料有机物质，特别是不饱和脂肪酸的氧化和酸败，防止饲料中的维生素高活性物质氧化和相对生物学效价降低。目前常用的抗氧化剂有乙氧基喹啉、二丁基羟基甲苯、丁基羟基茴香醚等。一般在土鸡配合饲料中添加0.01%～0.05%。

（8）防霉剂、防腐剂

饲料中含有许多微生物，同时又含有丰富的营养素，在高温高湿条件下，容易因微生物的繁殖而发生霉变和腐败。霉变的饲料不仅影响适口性，降低采食量和营养价值，而且霉菌分泌的毒素会引起鸡（尤其是雏鸡）中毒死亡。因此，在多雨季节或南方地区，须在饲料中添加防霉防腐剂。常用的饲料防霉剂、防腐剂有丙酸钠和丙酸钙，添加量分别为0.1%和0.2%。我国批准进口的露保细盐、克霉、霉敌、万保香、易而劲等防霉剂，也都是用丙酸吸附在各种载体上而制成的。

（9）着色剂

为改善鸡产品外观，提高产品的商品价值，常在配合饲料中添加着色剂，以增加鸡皮肤的颜色深度。常用的饲料着色剂多为天然色素，其中最主要的是类胡萝卜素及叶黄素类。家禽饲料天然色素主要来源于玉米、苜蓿和草粉等。饲料中的胡萝卜素含量因品种、产地及收获期不同而有差异。人工合成色素也具有与天然色素相同的功效。目前市场上销售较多的着色剂产品有露康定、加丽素黄和加丽素红、金闪闪和红艳艳、天丽红等。

（10）中草药饲料添加剂

中草药作为饲料添加剂，由于其毒副作用小，不易在产品中残留，且含有多种营养成分和生物活性物质，具有营养和防治疾病的双重作用，受到广泛重视。中草药饲料添加剂具有天然、多能、营养等特点，可起到增强免疫作用、激素样作用、维生素样作用、抗应激作用、抗微生物作用等。在饲养土鸡过程中使用草药饲料添加剂，既能防病治病，又能保证土鸡的品质和风味。

目前中草药添加剂种类已有200多个品种。根据动物生产特点、饲料工业体系和中草药性能情况，可将其分为如下类型：

①免疫增强剂。以提高和促进机体非特异性免疫功能为主，增强抗病力。如刺五加、商陆、菜豆、甜瓜蒂、水牛角、羊角等。

②激素样作用剂。能对机体产生激素样调节作用。如何首乌、穿山龙、肉桂、石蒜、秦艽、甘草等。

③抗应激剂。可缓和防治动物应激综合征。如刺五加、人参、延胡索、黄芪、柴胡等。

④抗微生物剂。能够杀灭或抑制病原微生物，增进动物健康。如金银花、连翘、蒲公英、大蒜、败酱草等。

⑤驱虫剂。可增强机体抗寄生虫侵害和驱除体内寄生虫能力。如使君子、南瓜子、石榴皮、青蒿等。

⑥增食增质剂。可改善饲料适口性，增强动物食欲，提高饲料消化率和利用率及产品质量。如茅香、甜叶菊、五味子、马齿苋、松针、绿绒蒿等。

⑦催肥增重剂。具有促进肥育和增重作用。如山楂、钩吻、石菖蒲等。

⑧促生殖增蛋剂。能促进动物卵子生成和排出，提高繁殖率和产蛋率。如淫羊藿、水牛角、石斛等。

⑨饲料保藏剂。能使饲料在保存期中不降低质量和不变质腐败，并可延长贮存时间。如防腐的有土槿皮、白鲜皮、花椒等；抗氧化的有红辣椒、儿茶等。

另外，在组配上有单方（一种中草药）和复方（多种中草药组合），在剂型上有散剂（粉状）、颗粒剂和液体剂等。

（11）合理使用饲料添加剂

①不同的饲料添加剂作用不同，在添加前一定要明确目的，根据土鸡生产的实际需要，正确使用添加剂，不能滥用。

②添加剂用量必须适当，一定要按需要量准确地计算与称重，以达到添加的目的和获得最佳饲养效果。

③添加剂的选择要注意产品对路。了解产品的产地、成分和出厂日期。维生素的出厂期越近越好，距出厂期以不超过3个月为宜。微量元素类应特别注意了解有无当地饲料最缺的那种元素，氨基酸应了解产地、含量和有效值等。

④添加剂用量很少，有的100千克饲料中只加几克，有的只添加饲料的百万分之几，因此一定要拌均匀，绝不允许一次性放入日粮中混合，否则有的鸡可能采食过量而引起中毒，有的鸡却根本没有采食到，达不到添加的目的。为了确保搅拌均匀，应先加入少量饲料（载体），分级预混，逐级扩大，即每次扩大20～30倍，经2～3次预混后，再混入日粮里反复搅拌均匀。在日粮里加入少量预防或治疗性药物时也应按这种方法。

⑤使用维生素添加剂时，首先要考虑其稳定性和生物效价。脂溶性维生素易氧化，稳定性差，在配合饲料时常因接触空气而加快氧化。因此，一次不宜购买太多，避免因长期贮存而降低生物效价。

⑥使用抗生素添加剂时，各种抗生素应交替使用，避免产生抗药性和产品残留量过高；严格控制抗生素添加剂量，土鸡上市

前应有停药期，以便使产品中抗生素的残留量降到最低程度；少用或慎用人畜共用的抗生素。

⑦应注意各种饲料添加剂的相互协同作用与拮抗关系，还应注意限用、禁用及用法、用量、配伍禁忌等规定。

（四）土鸡配合饲料配方设计

1. 配方设计的原则

（1）科学性

土鸡的饲料配方设计必须根据其营养需要和科学的营养指标，结合鸡群的生产水平、生产实践经验、饲养方式以及消费者对土鸡饲养期的要求，对饲养标准中的某些营养指标作10%左右的调整。但因鸡具有依能而食的能力，当日粮能量浓度发生变化时，鸡能够调节采食量而最终使采食的有效能（代谢能）的总量不变，因此，能量和蛋白质等其他营养素比例应符合饲养标准需要。在设计饲料配方时，可根据原料来源和生产要求，确定一个经济的能量水平，按饲养标准中的比例关系来调节蛋白质、氨基酸和其他营养物质的含量。在确定适宜的能量水平时，要以饲养标准为依据，不可与标准差别太大。因为当能量水平过低时会影响优质鸡日增重，降低饲料报酬。

（2）兼顾经济效益、社会效益和生态效益

饲料配方设计应兼顾经济效益、社会效益和生态效益，在质量和成本上要做出恰当的动态平衡。应该充分、高效、合理地配置和利用资源。例如我国鱼粉、豆粕等优质蛋白质资源较缺乏，而棉籽饼（粕）、菜籽饼（粕）、动物废弃物类资源利用很不够，如能合理使用，降低成本的潜力很大。饲料及添加剂的使用应考虑对环境污染的远期效应，以及对优质鸡屠体品质的影响等因素。

（3）饲料多样化

多种饲料搭配使用，可发挥各种营养成分的互补作用，提高营养物质的利用率。配合饲料中能量饲料占的比例大，可选用2～3种，但这些饲料蛋白质含量少，氨基酸不平衡，缺蛋氨酸和赖氨酸，且钙、磷等矿物质不足。蛋白质饲料种类多、来源广，如果条件允许，可选用2～3种蛋白质饲料，包括动物性和植物性蛋白质饲料，通过日粮搭配以及氨基酸、矿物质、维生素和食盐等添加剂的补充，最终能够满足土鸡的全部营养需要。

（4）安全性

制作饲料配方选用的各种饲料原料（包括饲料添加剂在内），必须注意安全，保证质量，其品质、等级必须经过检测。因发霉、酸败、污染以及毒素含量过高而导致饲喂价值丧失的原料，以及其他不合规定的原料，不能使用。对某些含有毒有害物质或抗营养因子的饲料，如棉籽饼和菜籽饼等应脱毒后使用，或对喂量进行限制，使配合日粮中的有毒有害物质不超过国家饲料卫生标准。

2. 饲养标准及饲料配方设计的依据

土鸡全价配合饲料配方设计的依据主要是国家公布的饲养标准、家禽育种公司的营养推荐标准和专家推荐的饲养标准及营养参数。

土鸡在全舍内饲养条件下日粮配合的营养标准见表3-3、表3-4、表3-5。由于土鸡的种类繁多，饲养期和生产性能差异较大，且各地的气候条件、饲养方法、放牧场的环境状况、当地饲料资源也不同，所以很难制定统一的饲养标准。各养殖户可以根据自己所养的土鸡的品种特性、饲养期长短等因素，前期在舍内饲养时用上述饲养标准的配合饲料饲喂，在中后期放养时用20％～40％当地廉价的青绿饲料、谷物饲料或虫、蚯蚓、蚂蚁喂鸡，代替部分配合饲料，这样既能开发当地饲料资源，节约饲养成本，又能使鸡达到一定的饲养日龄，保持土鸡的风味，取得较好的饲养效果。

表 3-3　中国地方品种肉用黄鸡的代谢能、粗蛋白质需要量

周龄	0～5	6～11	12 以上
代谢能（兆焦/千克）	11.72	12.13	12.55
粗蛋白质（%）	20	18	16
蛋白能量比（克/兆焦）	17	15	13

注：其他营养指标参照生长期蛋用鸡和肉用仔鸡饲养标准折算。

表 3-4　台湾省畜牧学会（1993）建议的土鸡营养需要

营养成分	周龄		
	0～4	5～10	10～14
粗蛋白质（%）	20	18	16
代谢能（兆焦/千克）	12.55	12.55	12.55
赖氨酸（%）	1.0	0.9	0.85
蛋氨酸＋胱氨酸（%）	0.84	0.74	0.68
色氨酸（%）	0.2	0.18	0.16
钙	1.0	0.8	0.8
有效磷（%）	0.45	0.35	0.30

表 3-5　优质肉鸡营养参数建议标准

类型	快速型			中速型			慢速型		
周龄	0～3	4～7	8 以上	0～4	5～9	10 以上	0～5	6～11	12 以上
营养参数									
代谢能(兆焦/千克)	12.77	12.99	13.06	12.14	12.43	12.85	11.93	12.35	12.77
粗蛋白质(%)	22.0	20.5	18.0	21.0	18.5	16.8	21.0	18.0	16.5

续表

类型	快速型			中速型			慢速型		
周龄	0～3	4～7	8以上	0～4	5～9	10以上	0～5	6～11	12以上
营养参数									
蛋白能量比（克/兆焦）	17.22	15.79	13.88	17.29	14.83	13.16	17.70	14.59	12.92
蛋氨酸+胱氨酸（%）	0.88	0.82	0.68	0.85	0.74	0.66	0.82	0.70	0.64
赖氨酸（%）	1.04	0.98	0.76	1.02	0.90	0.75	0.98	0.84	0.73
色氨酸（%）	0.20	0.19	0.17	0.18	0.17	0.15	0.17	0.16	0.14
精氨酸（%）	1.15	1.02	0.96	1.04	0.90	0.79	1.00	0.84	0.71
苏氨酸（%）	0.78	0.74	0.63	0.70	0.67	0.59	0.68	0.65	0.57
钙（%）	0.95	0.90	0.80	0.92	0.88	0.80	0.90	0.85	0.80
有效磷（%）	0.47	0.44	0.40	0.46	0.44	0.42	0.46	0.42	0.40
铁（%）	80	80	80	80	80	80	80	80	80
铜（%）	10	10	8	10	10	8	10	10	8
锰（%）	80	80	60	80	80	60	80	80	60
锌（%）	68	68	40	68	68	40	68	68	40
碘（%）	0.45	0.45	0.35	0.45	0.45	0.35	0.45	0.45	0.35
硒（%）	0.35	0.35	0.15	0.35	0.35	0.15	0.35	0.35	0.15
维生素A（国际单位/千克）	9000	9000	7500	9000	9000	7500	9000	9000	7500
维生素D_3（国际单位/千克）	3300	3300	2500	3300	3300	2500	3300	3300	2500
维生素E（国际单位/千克）	30	30	30	30	30	30	30	30	30
维生素K_3（毫克/千克）	2.2	2.0	1.6	2.2	2.0	1.6	2.2	2.0	1.6
维生素B_1（毫克/千克）	2.2	2.2	2.0	2.2	2.2	2.0	2.2	2.2	2.0

续表

类型	快速型			中速型			慢速型		
周龄	0～3	4～7	8 以上	0～4	5～9	10 以上	0～5	6～11	12 以上
营养参数									
维生素 B_2（毫克/千克）	8.0	8.0	6.0	8.0	8.0	6.0	8.0	8.0	6.0
泛酸钙（毫克/千克）	12.0	12.0	9.0	12.0	12.0	9.0	12.0	12.0	9.0
烟酸（毫克/千克）	60.0	60.0	50.0	60.0	60.0	50.0	60.0	60.0	50.0
维生素 B_6（毫克/千克）	4.4	4.4	3.3	4.4	4.4	3.4	4.4	4.4	3.4
叶酸（毫克/千克）	1.0	1.0	0.75	1.0	1.0	0.75	1.0	1.0	0.75
维生素 B_{12}（毫克/千克）	0.022	0.022	0.015	0.022	0.022	0.015	0.022	0.022	0.015
生物素（毫克/千克）	0.2	0.2	0.15	0.2	0.2	0.15	0.2	0.2	0.15
胆碱（毫克/千克）	1300	1000	750	1300	1000	750	1300	1000	750

3. 土鸡日粮配方设计时注意事项

（1）适当控制营养水平

土鸡生长速度比较慢，特别采用放养方式饲养，其生长速度更慢，一般需要 90～150 天才能上市。如果按照肉用仔鸡的营养水平去饲养土鸡，那是一种浪费。应该适当降低饲料的营养水平。可采用在肉用仔鸡营养需要量的基础上，蛋白质水平降低 5%～8%，能量水平降低 2%～3%。氨基酸水平、维生素水平和微量元素水平，可与蛋白质水平同步下降。在饲养阶段划分上应该根据不同的土鸡种类和不同的饲养季节作适当调整。

（2）公母分饲

土鸡生长周期较长，公母间生长速度差异大，且公母上市后销售对象不同，因此，应该在雏鸡孵出后即鉴别公母，分群饲养。根据生长速度选择饲养标准，喂以不同的饲料。公鸡料比母鸡料的粗蛋白质水平可以高2%左右。

（3）中后期配料原则

土鸡中后期配合饲料中尽量不要用或少用蚕蛹、鱼粉、肉粉等动物性饲料，限量使用菜籽粕、棉籽粕等对肉质和肉色有不利影响的饲料，不添加人工合成色素、化学合成的非营养性添加剂及药物。在饲料原料的选择上，应尽量选择富含叶黄素的原料，如黄玉米、苜蓿草粉、玉米蛋白粉，并加入适量的橘皮粉、松针粉、大蒜、茴香、桂皮、茶叶末及某些中药等，以改善肉色、肉质和增加鲜味。

4. 饲料配方的设计方法

（1）四角法

四角法又称为交叉法、方形法、对角线法等。在饲料种类不多及营养指标少的情况下，采用此法较为简便。

例：现有玉米、次粉、麸皮、鱼粉、贝壳粉、食盐等几种饲料，要求利用这些饲料为0～4周龄的土鸡设计一饲料配方。

①假设根据饲养标准查出一种土鸡0～4周龄的营养需要（表3-6）。

表3-6　土鸡0～4周龄的营养需要

代谢能	粗蛋白质	蛋白能量比	钙	总磷	赖氨酸	蛋氨酸＋胱氨酸	食盐
12.12（兆焦/千克）	21%	17.3克/兆焦	0.9%	0.65%	1.09%	0.84%	0.37%

②根据现有饲料，在饲料营养价值表上查出各种饲料的养分含量（表 3-7）。

表 3-7 各种饲料的养分含量

饲料	代谢能（兆焦/千克）	粗蛋白质（%）	粗纤维（%）	钙（%）	磷（%）	赖氨酸（%）	蛋氨酸＋胱氨酸（%）
玉米	14.04	8.5	0.8	0.06	0.21	0.16	0.32
麸皮	6.56	13.5	10.4	0.22	1.09	0.67	0.68
次粉	12.96	13.0	2.0	0.08	0.31	0.42	0.87
豆饼	11.12	40.2	4.9	0.32	0.50	2.81	0.80
鱼粉	12.12	61.0	—	3.43	3.08	4.2	1.62
贝壳粉	—	—	—	32.90	—	—	—

③根据各饲料的特性，初步确定部分饲料量。一般留下未确定的饲料，原则上要 3～4 种，其中应有高蛋白质、高能量和低蛋白质、低能量的饲料（表 3-8）。

表 3-8 初步确定的部分饲料量代谢能及粗蛋白质含量

饲料	用量（千克）	代谢能（兆焦/千克）	粗蛋白质（克）
次粉	10	10×12.96＝129.6	10×130＝1300
鱼粉	5	5×12.12＝60.6	5×610＝3050
贝壳粉	1.5		
食盐	0.37		
合计	16.87	190.2	4350

按饲养标准，每 100 千克饲料应含有的代谢能和粗蛋白质量：

代谢能＝100×12.12＝1212（兆焦）

粗蛋白质＝100×210＝21000（克）

则所剩的 83.13 千克里应含的代谢能和粗蛋白质如下：

代谢能＝1212－190.2＝1021.8（兆焦）

粗蛋白质＝21000－4350＝16650（克）

换算成每千克含量和百分含量：

代谢能＝1021.8/83.13＝12.29（兆焦/千克）

粗蛋白质＝（16650/83.13）×（1/1000）×100％＝20％。

即所剩余的 83.13 千克中应含代谢能 12.29（兆焦/千克），粗蛋白质 20％。

④应用四角法计算其他 3 种饲料的用量。

要求：代谢能＞12.29（兆焦/千克），粗蛋白质＝20％。

此时应选用两种饲料进行搭配，一般选用一种粗蛋白质大于 20％，另一种粗蛋白质小于 20％。另外，二者的能量应较高，搭配后可使代谢高于 12.29（兆焦/千克）。这里选用玉米和豆饼。计算时，将其粗蛋白质含量写在角上，四角形的中间写上所需配的蛋白质含量 20％，然后将中间与角上的数值相减结果的绝对值写在对角上。结果的值即为它们的比例。最后换算成百分比值，并算出代谢能是否符合要求。

玉米 8.5　　20.0　　20.2…20.2/（20.2＋11.5）×100％＝63.7％

豆饼 40.2　　　　　11.5…11.5/（20.2＋11.5）×100％＝36.3％

代谢能＝63.7％×14.04＋36.3％×11.12＝12.98（兆焦/千克），满足要求。如果难以满足要求，应重新调整初拟配方。这时应增加初拟配方中高能饲料的用量，或降低初拟配方中低能饲料的用量。

要求：代谢能＜12.29（兆焦/千克），粗蛋白质＝20％。

麸皮 13.5　　20.0　　20.2…20.2/（20.2＋6.5）×100％＝75.7％

豆饼 40.2　　　　　6.5…6.5/（20.2＋6.5）×100％＝24.3％

代谢能＝75.7％×6.56＋24.3％×11.12＝7.668（兆焦/千克），小于 12.29（兆焦/千克），满足要求。

要使代谢能＝12.29（兆焦/千克），则 a、b 两种混合料用量计算如下：

a. 12.98　　　　12.29　　　　4.622………87%

b. 7.668　　　　　　　　　　0.690………13%

玉米、麸皮、豆饼的用量：

玉米＝83.13×87%×63.7%＝46.07%

麸皮＝83.13×13%×75.7%＝8.18%

豆饼＝83.13×87%×36.3%＋83.13×13%×24.3%＝28.88%

则在 100 千克饲料中应含玉米 46.07 千克、麸皮 8.18 千克、次粉 10 千克、鱼粉 5 千克、豆饼 28.88 千克、贝壳粉 1.5 千克。每种饲料的百分含量为：

玉米 46.07%、麸皮 8.18%、次粉 10%、鱼粉 5%、豆饼 28.88%、贝壳粉 1.5%、食盐 0.37%。

⑤验算配方结果见表 3-9。

表 3-9　验算配方结果

饲料	含量（%）	代谢能（兆焦/千克）	粗蛋白质（%）	粗纤维（%）	钙（%）	磷（%）	赖氨酸（%）	蛋氨酸＋胱氨酸（%）
玉米	46.07	6.471	3.916	0.37	0.028	0.097	0.074	0.147
麸皮	8.18	0.537	1.104	0.85	0.018	0.089	0.055	0.056
次粉	10	1.296	1.3	0.2	0.008	0.031	0.042	0.087
鱼粉	5	0.606	3.05	—	0.172	0.154	0.21	0.081
豆饼	28.88	3.21	11.61	1.42	0.092	0.144	0.812	0.23
贝壳粉	1.5	—	—	—	0.489	—	—	—
食盐	0.37	—	—	—	—	—	—	—
合计	100	12.12	20.98	2.84	0.807	0.52	1.19	0.6

以上各营养指标均接近标准。蛋白质能量比为209.8/12.12＝17.3（克/兆焦），也符合标准要求。

因此，本配方配制的结果为：玉米46.07%、麸皮8.18%、次粉10%、鱼粉5%、豆饼28.88%、贝壳粉1.5%、食盐0.37%。

（2）计算机软件设计饲料配方

应用计算机软件设计饲料配方，可以考虑多种原料和多个营养指标，且速度快，更重要的是能够设计出最低成本饲料配方。现在应用的计算机软件，多是应用线性规划，就是在所给饲料种类和满足所求配方的各项营养指标的条件下，能使设计的配方成本最低。这是手工运算所无法比拟的。但是计算机也只能是辅助设计，需要有经验的营养专家进行修订、原料限制，以及最终配方的检查确定等。有时配方计算无解，需要调整。有些原料食口性差，或有毒有害物质的影响大，要进行限量。这些都需要有经验的专家来对计算机设计的最佳饲料配方进行修正调整。

也可以利用Microsoft Excel的计算器累加功能计算饲料配方，此法使用方便，计算速度快，无须专用软件。

（五）土鸡饲料配方实例

土鸡不同阶段全价日粮配方见表3-10。

表3-10 土鸡不同阶段全价日粮配方

周龄	0～（4～5）			（4～5）～（10～11）			（10～11）以上		
编号	1	2	3	1	2	3	1	2	3
饲料名称	配合比例（%）								
玉米	48.0	46.13	51.0	53.63	34.83	37.83	58.93	25.43	54.63
次粉	18.3	11.0	14.33	10.0	10.0	10.0	10.0	10.0	10.0

续表

周龄	0～（4～5）			（4～5）～（10～11）			（10～11）以上		
编号	1	2	3	1	2	3	1	2	3
饲料名称	配合比例（%）								
麸皮				10.0		5.0	5.0		
碎米					20.0	20.0		30.0	
细糠		10.0			10.0			10.0	5.0
豆粕	24.0	25.0	15.0	13.0	13.0	10.0	12.0	7.0	15.0
花生粕			10.0	7.0				10.0	
菜籽粕					5.0	5.0			
甘薯叶粉							5.0		
苜蓿草粉								3.0	
松针粉									4.0
玉米蛋白（CP50%）						5.0			
玉米胚芽粕							5.0		8.0
进口鱼粉		4.0	6.0	3.0					
国产鱼粉	6.0				4.0	4.0	2.0		
贝壳粉	1.2		0.8	1.0		0.8	0.2		
石粉		1.3			0.8			1.4	0.2
骨粉			1.5	1.0			1.5		1.8
磷酸氢钙	1.2	1.2			1.0	1.0		0.8	
添加剂	1.0	1.0	1.0	1.0	1.0	1.0	1.0	1.0	1.0
食盐	0.30	0.37	0.37	0.37	0.37	0.37	0.37	0.37	0.37
	营养成分								
代谢能（兆焦/千克）	12.03	11.90	12.37	12.00	12.01	12.20	11.87	12.25	11.70
粗蛋白质（%）	20.28	20.21	21.07	18.05	17.04	18.01	15.09	16.23	15.09

续表

周龄	0～（4～5）			（4～5）～（10～11）			（10～11）以上		
编号	1	2	3	1	2	3	1	2	3
	营养成分								
蛋白能量比（克/兆焦）	16.9	17.0	17.0	15.0	14.1	14.8	12.7	13.2	12.9
粗纤维(%)	3.15	3.81	3.06	3.37	3.70	3.07	3.69	4.06	3.98
钙（%）	0.99	1.01	1.08	0.83	0.84	0.88	0.83	0.82	0.82
有效磷(%)	0.41	0.45	0.44	0.31	0.41	0.33	0.30	0.35	0.30
赖氨酸(%)	1.02	1.04	0.99	0.80	0.81	0.76	0.66	0.66	0.67
蛋氨酸(%)	0.32	0.32	0.33	0.27	0.30	0.33	0.23	0.24	0.22
蛋氨酸+胱氨酸(%)	0.65	0.64	0.66	0.58	0.58	0.64	0.50	0.51	0.49
食盐（%）	0.35	0.40	0.40	0.37	0.39	0.39	0.37	0.37	0.37

注：添加剂根据土鸡不同的周龄及基础日粮成分而定。添加剂中含5～15克禽用复合多维、50～70克氯化胆碱、50克禽用微量元素预混料、20～50克蛋氨酸及适量的抗氧化剂、防霉剂等。

（六）饲料形状

1. 粉料

粉料是将饲料原料粉碎后，按一定比例与其他成分和添加剂混合均匀而成。这种饲料的生产设备及工艺均较简单，品质稳定，饲喂方便，安全可靠。土鸡可以吃到营养较完善的饲料，且由于鸡采食慢，所有的鸡都能均匀采食。粉料适用于各种类型和不同日龄的鸡，但粉料易引起鸡挑食，使鸡的营养不平衡；此外，土鸡中后期在舍外放养期间，补充粉料干喂时易飞扬散失，造成饲料浪费；粉料在运输中也易产生分级现象。粉料的细度应在1～2.5毫米。磨得过细，鸡不易下咽，适口性变差。

2. 颗粒料

颗粒料是粉料再通过颗粒压制机压制成的块状饲料，形状多为圆柱状。在制作过程，为增强颗粒的结实度，还常加入黏着剂如糖蜜、膨润土等。脂肪的加入是在饲料制成颗粒冷却后喷涂在表面，或将油脂喷洒入环模内，这样颗粒不易破碎。若将油脂直接加入饲料中，由于润滑作用胜过它的黏合力，添加到3%就能使颗粒开裂或不成形。优质鸡中大鸡适合用颗粒料，颗粒料的直径由环模的孔隙大小所决定，因鸡日龄而异：中鸡＜4.5毫米，大鸡＜6毫米。

颗粒饲料的优点是适口性好，鸡采食量多，可避免挑食，保证了饲料的全价性；鸡可全部吃净，不浪费饲料，饲料报酬高，一般可比粉料增重5%～15%；制造过程中经过加压加温处理，破坏了部分有毒成分，起到了杀虫灭菌作用，饲料比较卫生；有利于淀粉的糊化，提高了利用率。但颗粒饲料制作成本较高，在加热加压时使一部分维生素和酶失去活性，宜酌情添加；制粒增加了水分，不利于保存；饲喂颗粒料，鸡粪含水量增加，鸡易发生啄癖。

3. 碎粒料

碎粒料（粗屑料）是颗粒料经过粗磨或特制的碎料机加工而成，其大小介于粉料和颗粒料之间。它具有颗粒料的一切优点和缺点，成本较颗粒料稍高。因制小颗粒料成本高，所以，一般先制成直径6～8毫米的大颗粒，冷却后将颗粒通过辊式破碎机碾压成片状，再经双层筛，将破裂粒筛分为2毫米和1毫米的碎料与粉碎料，喂给1～3周龄的雏鸡。

4. 粒料

粒料是未经过磨碎的整粒的谷物，如玉米、稻谷、小麦等。粒料容易饲喂，鸡喜食，消化慢，故较耐饥饿，适于傍晚饲喂。

粒料的最大缺点是营养不完善，不宜单独饲喂，土鸡中后期放养时常用20%～25%粒料与配合饲料配合使用。

（七）配合饲料生产工艺流程

配合饲料的生产是把各种饲料原料经过清除各种杂质后，经必要的粉碎，按照配方进行混合，并根据要求制成一定形状的饲料。

配合饲料生产工艺流程中各道工序的工作质量直接影响到产品的质量。其中包括清理、粉碎、计量、混合等工序。饲料厂要清理的原料主要是谷类及其加工副产品，主要方法是筛选和磁选，最常用的是圆筒初清筛和永磁滚筒。粉碎要求饲料颗粒均匀。颗粒的大小因鸡的不同日龄而异，幼鸡粉料直径小于1毫米，中鸡粉料小于2毫米，成鸡粉料小于2～2.5毫米。最常用的粉碎设备为锤片式粉碎机。它粉碎的饲料粒度均匀，还可对粒度进行调节。

饲料混合是保证配合饲料质量的关键工序。在饲料加工过程中，为了保证混合均匀度，混合可分为预混合和主混合两步进行。预混合是将各种添加剂与载体进行一次预先混合，其目的是让微量成分能够逐步扩散，使之在全价饲料中混合均匀，并缩短混合时间。混合均匀度变异系数（CV）小于10%。

国内最常用搅拌机为卧式螺旋混合机和立式混合机两种。混合均匀的粉料，通入蒸汽，然后进人压力机，压制成颗粒状，经冷却、筛选后，得到符合规格的饲料，筛下的细粒和粉末再回流至压粒机重压。将颗粒饲料经碎粒机破碎、分筛后即为碎粒料。

四、土鸡饲养管理

（一）土鸡无公害饲养管理准则

农业部在2001年9月发布了《无公害食品　肉鸡饲养管理准则》（NY/T 5038-2001），该标准规定了无公害食品肉鸡的饲养管理条件。

1. 饲养管理卫生条件

每批鸡出栏后应实施清洗、消毒和灭虫、灭鼠，消毒选择高效、低毒和低残留消毒剂，灭虫、灭鼠应选择菊酯类杀虫剂和抗凝血类杀鼠剂。

鸡舍清理完毕到进鸡前空舍至少2周，关闭并密封鸡舍，防止野鸟和鼠类进入鸡舍。

鸡场所有入口处应加锁并设有“谢绝参观”标志。鸡场门口设消毒池和消毒间，进出车辆经过消毒池，所有进场人员要脚踏消毒池。消毒池选用2%～5%漂白粉澄清液或2%～4%氢氧化钠溶液，消毒液定期更换。进场车辆用表面活性剂消毒液进行喷雾，进场人员经过紫外线照射的消毒间。外来人员不应随意进出生产区，特定情况下，参观人员在淋浴和消毒后穿戴保护服才可进入。

工作人员要求身体健康，无人畜共患病。工作人员进鸡舍前要更换干净的工作服和工作鞋。鸡舍门口设消毒池或消毒盆供工作人员消毒鞋用。舍内要求每周至少消毒1次。

坚持全进全出制饲养，同一养禽场不能饲养其他禽类。

2. 饲养管理要求

可采用地面散养和离地饲养（网上平养和笼养），地面平养选择刨花或稻壳作垫料，垫料要求干燥、无霉变，不应有病原菌和真菌类微生物群落。

采用自由饮水。确保饮水器不漏水，防止垫料和饲料霉变。饮水器要求每天清洗、消毒，消毒剂可选择百毒杀、漂白粉和卤素类消毒剂。水中可以添加葡萄糖、电解质和多维类添加剂。

自由采食和定期饲喂均可。饲料中可以拌入多种维生素类添加剂。上市前7天，饲喂不含任何药物及药物添加剂的饲料，一定要严格执行停药期。每次添料根据需要确定，尽量保持饲料新鲜，防止饲料发生霉变。随时清除散落的饲料和喂料系统中的垫料。饲料存放在干燥的地方，存放时间不能过长，不应饲喂发霉、变质和生虫的饲料。

控制鸟和鼠进入鸡舍，饲养场院内和鸡舍经常投放诱饵灭鼠和灭蝇。鸡舍内诱饵注意投放在鸡群不易接触的地方。

对病情较轻、可以治疗的鸡应隔离饲养，所用药物应符合NY 5035的要求。

使用垫料的饲养场，采取肉鸡出栏后一次性清理垫料，饲养过程中垫料过湿要及时清出，网上饲养应及时清理粪便。清出的垫料和粪便在固定地点进行高温堆肥处理，粪便经堆积发酵后应作农业用肥。

建立生产记录档案，包括进雏日期、进雏数量、雏鸡来源、饲养员；每日的生产记录包括：日期、肉鸡日龄、死亡数、死亡原因、存栏数、温度、湿度、免疫记录、消毒记录、用药记录、喂料量、鸡群健康状况及出售日期、数量、购买单位，记录应保存2年以上。

鸡出栏前3小时停喂饲料，但可以自由饮水。

（二）土鸡生长发育特点及饲养方式

1. 土鸡生长发育特点

我国地方品种土鸡的生长发育特点是：生长慢而性成熟早，120～150天上市时接近性成熟，此时母鸡的体重1.25～1.5千克，公鸡体重1.5～2.0千克。它们的生长规律往往是前期慢，生长高峰在8周龄以后。

根据大多数土鸡的体重生长曲线、体成分变化规律及饲养管理特点，土鸡的饲养期大致分为3个阶段，即育雏期、生长期、育肥期（表4-1）。

表4-1 土鸡生长阶段划分

类型	饲养期（周龄）			出栏体重（千克）
	育雏期	生长期	育肥期	
土鸡	0～5	6～11	12以上	1.3～1.6

土鸡饲养期的划分因不同的鸡种、不同的饲养管理条件而异。如果鸡种生长速度快，气候适宜，则育雏期可提早结束；如鸡种性成熟早，4～5周龄即能基本分出公、母鸡，则可提早分群。划分饲养期的目的是为了根据不同阶段、不同性别的生长特点进行科学的饲养管理。

2. 果园放养

在果园周围要有隔离设施，可以建造围墙或设置篱笆，其目的是防止鸡到果园以外活动。

（1）合理补饲

根据野生饲料资源情况，决定补饲量的多少。如果园内杂草、昆虫较多，鸡觅食可以吃饱，傍晚在鸡舍的料槽内放置少量的配合饲料即可。如果白天吃不饱，在中午和傍晚需要在料槽内添加一些饲料，夜间再补饲1次。

（2）风雨天需要在鸡舍内喂饲

遇到大风或下雨的天气，鸡群不能到鸡舍外活动、采食，喂饲需要在鸡舍内进行。要注意饲喂全价配合饲料，还要注意饲喂足够的青绿饲料。

（3）观察鸡群表现

每天早晨把鸡放出鸡舍时，看鸡是否争先恐后地向鸡舍外跑，如果有个别的鸡行动迟缓或呆在舍内不愿出去，说明这些鸡的健康状况出现了问题，需要及时进行诊断和治疗。每天傍晚当鸡群回到鸡舍时，一方面看鸡只的数量有无明显减少以决定是否到果园内寻找，另一方面看鸡的嗉囊是否充满食物以决定补饲量的多少。

（4）避免不同日龄的鸡群混养

一个果园内在一个时期最好只养一批土鸡。如果不同日龄的鸡群混养，则相互之间因为争斗、鸡病传播、生产措施不便于实施等原因，会影响到生产。如果想养两批鸡，最好是用尼龙网或篱笆把果园分隔成两部分，并有一定距离，减少相互之间的影响。

（5）减少意外伤亡和丢失

①防止野生动物为害。果园一般都在野外，可能进入果园内的野生动物很多，如黄鼠狼、老鼠、蛇、鹰、野狗等，这些野生动物对不同日龄的土鸡都有可能造成危害。可以在鸡舍外面悬挂几个灯泡，使鸡舍外面通夜比较明亮；在鸡舍外面搭个小棚，养几只鹅，当有动静时，鹅会鸣叫，饲养人员可以及时起来查看；管理人员住在鸡舍旁边也有助于防止野生动物靠近。

②防止鸡群受惊吓。无论白天或是夜间，都应该尽可能防止鸡群受惊，一旦惊群，鸡只可能四处逃散，有的鸡会飞到果园外

面，或晚上不愿回鸡舍而在园内栖息。

③防止农药中毒。果园为了防止病虫害需要在一定的时期喷洒药物，其中有的药物对鸡可能产生毒害。因此，在喷洒对鸡有毒害作用的农药当天及其后 7～10 天需要把鸡圈养在舍内，而且不能采集果园内喷药后的青绿饲料喂鸡。在外面采集青草也需要了解这些地方在近期内是否喷洒过农药，以保证安全。在选择果树品种时，优先考虑抗病、抗虫品种，尽量减少喷药次数。

④训练鸡群傍晚回鸡舍休息。个别土鸡出现找不到鸡舍、不愿回鸡舍的情况，晚上栖息在果树上。晚上鸡在舍外栖息容易受到伤害，应从小训练回舍休息。

3. 林地放养

林地中有许多杂草和昆虫，把鸡群放养在林地中可以充分利用野生的饲料资源，降低饲养成本。对于已经生长多年的树林来说，放养鸡群的饲养管理要求与果园养鸡基本相同。但与果园不同的是，在林地中一般很少喷洒药物，可防止土鸡农药中毒。大片林地中野生动物多，可能会危及土鸡的安全，需要给予更多的关注。

4. 滩地放养

在每年 4～6 月气温较高、降雨量较少的季节，在河滩的荒地用塑料编织布搭建一个简陋的棚子，在其周围用尼龙网围一片荒草地，把 3～4 周龄的土鸡放养在其中，让其自由采食青草、昆虫、杂草种子等野生饲料。

（三）土鸡育雏期饲养管理

1. 雏鸡的生理特点

土鸡的育雏期通常指 0～5 周龄。雏鸡饲养管理方法得当与否，对其以后的生长速度、成活率、饲料利用率都有很大的影响。所以说，雏鸡的培育是饲养土鸡能否成功的关键所在。为了把雏鸡养好，必须了解雏鸡的生理、生长发育特点，以及对饲料、环境条件要求等。

①雏鸡出壳时尚有5克左右卵黄吸入腹腔中，这是雏鸡出壳后24～36小时内的营养物质来源，此期间可以将雏鸡从种鸡场运输到商品鸡场，途中无须喂料、饮水。

②雏鸡体温调节功能不完善，绒毛稀短，保温能力差。刚出壳的雏鸡体温较成年鸡低约3℃，从4日龄起体温才逐渐提高，10日龄才达到与成年鸡基本相同的体温。其体温调节功能要在3周以后，绒毛脱落且长出新羽后才比较完善。30～45日龄绒毛完全脱落，雏鸡可以加快新陈代谢的速度以抵御寒冷。

③雏鸡生长发育极为迅速，土鸡在5周龄以前的生长强度一般在50％以上；随着周龄的增长，其生长强度逐渐减弱。

④雏鸡的消化能力差，采食量少，不易消化粗纤维含量过高的食物。但雏鸡生长快，新陈代谢旺盛，因此，需要高能高蛋白质的饲料和足够的矿物质、维生素等营养物质。所以饲料的成分要全价、平衡，而且要容易消化吸收。配合饲料的形状以碎粒料为宜，在饲养上应注意少喂多餐。

⑤雏鸡抗病能力低，对外界防御能力差，容易发生各种疾病，必须特别加强卫生防疫工作。

⑥雏鸡性情活泼又胆怯，防卫能力差，所以饲养过程要细心，做好防鼠害、兽害工作。

⑦雏鸡敏感性强，对饲料中各种营养物质缺乏或有毒物质过量，会表现出病理状态。

2. 育雏前准备工作

雏鸡入舍前的准备工作是育雏的一项重要技术措施，它关系到育雏期雏鸡的成活率、健康状况和生长速度。准备工作的任务是创造一个清洁干净、没有病原、温暖舒适、采食饮水方便的雏鸡生活环境。主要有下面几项工作。

（1）清扫

在土鸡循环生产中，每一批鸡出场后，应对鸡舍进行彻底的清扫，将粪便、垫草、剩料分别清理出去。对地面、墙壁、棚顶、用具等处的灰尘要打扫干净。

（2）冲洗

冲洗是大量减少病原微生物的有效措施。在鸡舍打扫以后，都应进行全面的冲洗。不仅冲洗地面，而且要冲洗墙壁、棚网、围网、饲料器、饮水器等用具。

（3）消毒

经过清扫、冲洗，鸡舍内病原微生物虽大量减少，但不能彻底消灭，这就必须进行消毒。消毒必须在用水冲洗地面、墙壁干燥以后进行。可选用2％的烧碱水溶液、3％的来苏儿水溶液、0.5％～1％的新洁尔灭、10％～20％的石灰乳、0.5％的过氧乙酸、1％～3％的漂白粉、0.3％的农福、1∶（3000～5000）的百毒杀、1∶300的农乐用等消毒剂对环境、鸡舍及用具进行消毒。如育雏舍密封性能较好，也可以采用熏蒸消毒，可将所有设备和用具清洗后放入育雏舍，关闭好所有窗户，按每立方米空间用30毫升福尔马林、15克高锰酸钾的比例或用福尔马林加热后进行熏蒸消毒12～24小时。消毒后关闭育雏舍空置2～5周。

（4）垫料

地面平养育雏，为了保暖的需要，通常需铺设垫料。垫料质量要求是不发霉、不污染和松软、干燥、吸水性强、长短粗细适当。垫料种类有锯末、小刨花、玉米秆、稻草、麦秸等，可以混合使用。铺设厚度以5厘米左右为宜，但要平整，离育热源最少要有10厘米的距离。

(5) 围栏

在铺设垫料的同时，用育雏围将育雏室隔成小圈，热源在圈的中心，以便把小鸡固定在热源的附近。2 周龄以内的小鸡就在小圈里取暖、采食、饮水、休息。围高 40 厘米左右，圈的大小应视鸡群大小及保温设备而定。如果用保温伞保温，围栏离保温伞边缘 80～100 厘米；如用煤炉提高整个室温取暖，则围栏可圈小些，每圈育雏鸡 200 只左右。到小鸡不用热源保温时便可拆除围栏。

(6) 预热

在育雏前 48 小时，应将保温设备安装、检查、维修好，并在进雏前 24 小时开始预热加温，使雏鸡活动范围内的温度达到 33℃，或保温伞下的温度达到 35℃。提前预热加温，一方面可烘烤室内潮湿空气，降低鸡舍墙壁、地面的吸热，有利于室温保持恒定；另一方面也可提前检查温度能否达到要求，以便尽早采取措施，防止进雏后室温过低，使雏鸡受凉。

(7) 备齐饲料器和饮水器

在雏鸡入舍前应预先准备好饲料盘和饮水器。第 1～3 天的食盘应用矮平料盘，以便于雏鸡进入采食。料盘和饮水器都应放在围栏的圈内，并且应放置均匀。饲料器数量以每只雏鸡边长 2.5 厘米为宜，饮水器则以每只雏鸡边长 1.5 厘米为宜。

3. 雏鸡的育雏方式和饲喂方式

(1) 育雏方式

雏鸡的人工育雏按其占用地面和空间的不同，分为立体育雏和平面育雏两种方式。立体育雏是指用直立多层重叠式育雏笼育雏。育雏数量较大而缺少足够育雏舍的养鸡户可采用立体育雏。多层重叠式笼养是各层鸡笼均在一条垂直线上重叠安置，每层笼下有承粪板，每层育雏笼内有电热棒供温保暖。立体育雏特点是投资大，育雏舍占地面积少，保温容易。平面育雏是指利用地面或各种床架饲养鸡群，其特点是：投资少，育雏舍占地面积大，保温困难，雏鸡饮水容易，喂料设备利用率高，便于观察鸡群。立体育雏适合于中小型养鸡专业户，广大农村的土鸡饲养专业户多采用平面育雏。平面育雏按舍内地面类型又可分为更换垫料育雏、厚垫料育雏和网上育雏3种。

①更换垫料育雏。把雏鸡养在铺有3～5厘米厚垫料的地面上，根据垫料的潮湿情况，经常添换垫料。

②厚垫料育雏。把雏鸡养在铺10～15厘米厚垫料的地面上。育雏过程不更换垫料，待育雏结束时一次性清除垫料。厚垫料育雏可省去经常更换垫料的繁重劳动。由于垫料发酵产热，可提高室温；垫料内由于微生物活动，可产生维生素B_{12}；雏鸡经常扒翻垫料，可以增加运动量，增强食欲和新陈代谢，促进其生长发育。采用厚垫料育雏方式，育雏舍要先打扫、清洁、消毒，撒一层熟石灰（每平方米撒布1千克），然后再铺上5～6厘米厚的垫料；育雏约2周后，开始增铺新垫料，直至垫料厚达10～15厘米为止。垫料于育雏结束后一次性清除。

③网上育雏。即将雏鸡养在离地面50～60厘米高的铁丝网上（网眼为1.25厘米×1.25厘米）。网上育雏的优点是可节省大量垫料；雏鸡养在铁丝网上，粪便可以从铁丝网的网眼上落下，育雏不需要经常打扫清粪，雏鸡不直接接触粪便，可减少疾病传播的机会，有利于防疫。

（2）育雏保温方式

①保温伞育雏器育雏。保温伞育雏器的热源可由电热丝、煤油、液化石油气或煤炉等来提供。容鸡只数根据育雏器的热源面积而定（300～1000只，表4-2）。其优点为：可培育较多雏鸡，雏鸡可自由在保温伞下进出选择适温带，换气良好；缺点是必须

有保温良好的育雏舍，垫料易脏及工本费较高等。特别是电热保温伞育雏器余热很少，在冬季育雏常需另加火炉或热水管，以升高室温。

表 4-2 电热保温伞育雏器的育雏鸡只数

热源面积（厘米）	伞高（厘米）	半月内育雏鸡只数
100×100	55	300
130×130	60	400
150×150	70	500
180×180	80	600
240×240	100	1000

②红外线灯育雏。利用红外线散发的热量育雏，灯泡规格为250 瓦。使用时数个灯泡成组连在一起，悬挂于离地面 45 厘米高处，室温低时可降低至 33～35 厘米。第二周起每周将灯泡提高 7～8 厘米，直至 60 厘米。最初几天要用围栏将初生雏限制在灯泡下 1.2 米直径的范围，以后逐渐扩大。料槽和饮水器不能放在灯下。每盏灯的保暖雏鸡只数与室温有关（表 4-3）。

表 4-3 红外线灯（250 瓦）育雏数

室温（℃）	30	24	18	12	6
育雏数（只）	110	100	90	80	70

用红外线灯育雏，保温稳定，室内干净，垫料干燥，雏鸡可自由选择合适的温度，育雏效果良好；但耗电量大，灯泡易损，要特别注意在使用时灯泡不要摆动或碰到冷水。

③烟道式育雏。烟道式育雏有地上水平烟道和地下烟道两种。其原理都是烧煤或利用当地其他燃料，使热气通过烟道而升高室温。地下烟道埋在地下，管理时便于操作；因散热慢、保温

时间久，耗燃料少；热从地面上升，适合于雏鸡伏卧地面休息的习性；地面和垫料暖和干燥，球虫病等发病率低。烟道式育雏舍对房舍要求比较高，不仅墙壁的保温性能要好，而且应加天花板，使室内的保温空间小一些。天花板的高度一般离地面1.7米。烟道在地下不要位于育雏室中央，而应在育雏室的一侧，使育雏室地面有温差，雏鸡在地面活动可自由选择温度适宜的地方。

④煤炉。小规模专业户常用，育雏成本低。注意煤炉排气管要通到育雏舍外，以防一氧化碳中毒。

（3）雏鸡的饲喂方式

雏鸡的饲喂方式可分为两种：一种是定时定量，就是根据雏鸡的日龄大小和生长发育的要求，把饲料按规定的时间分为若干次投给的方式。一般在4周以前每日喂4～6次，投喂的饲料量以下次投料前半小时能食完为准。这种饲喂方式有利于提高饲料的利用率。另一种是自由采食方式，就是把饲料放在饲料器内任雏鸡随时采食，一般每天加料1～2次，终日保持饲料器内有饲料。在土鸡饲养的育雏阶段多采用自由采食方式，这种方式可使鸡生长速度比前一种快，还可以避免饲喂时鸡群抢食、挤压和弱雏争食不到饲料的现象，使鸡群都能比较均匀地采食饲料，生长发育比较均匀。土鸡在中后期放牧饲养时多采用定时定量饲养。

4. 鸡苗的选择和运输

土鸡饲养者应从隔离、卫生、防疫条件完善，蛋传性疾病（如新城疫、禽流感、白痢、大肠杆菌病、鸡毒霉形体病、脑脊髓炎）等净化工作良好，种蛋收集、消毒、贮存、孵化管理规范的种鸡场购买鸡苗。鸡苗应在出壳后24小时内按操作规程接种马立克病疫苗（最好用CVI988或多价苗）。

（1）鸡苗的选择

土鸡生产者碰到的第一个问题就是如何选购鸡苗。雏鸡选得好与差，和养鸡生产是否顺利关系很大，直接关系到饲养土鸡的经济效益。饲养者无论是自己孵化或购买雏鸡都要进行鸡苗选择，选择的标准主要有：雏鸡准时出壳；腹部收缩良好、大小适中、柔软，不是大肚子鸡；羽毛干后整洁、富有光泽、长短整齐，要能站立；泄殖腔附近干净，没有黄白色的稀粪黏着；脐带吸收愈合良好，脐孔紧而干燥，没有血痕存在，其上覆盖绒毛；喙、眼、腿爪等无畸形；雏鸡精神活泼、反应灵敏，两脚结实，关节不红肿。凡是符合以上标准的是健康雏鸡，其中有一条不符合标准就不要选用。因为弱雏都很难养活，即便活下来，也不会有良好的生产成绩。如果弱雏也要饲养，应把健弱雏分群饲养，千万不要健弱雏混合饲养，以免强雏欺负弱雏，弱雏因饮食不能满足而死亡。

（2）雏鸡的运输

初生雏在经过挑选、雌雄鉴别和接种疫苗后就可起运，最好在 24～36 小时内到达目的地。运输雏鸡的基本原则是迅速及时、安全舒适，并注意卫生。雏鸡最好在出壳后 24 小时前到达育雏室；如果远距离运输，也不能超过 36 小时，以免路途中雏鸡脱水死亡。最好用专用运雏盒装雏。专用的运雏盒有纸制一次性的，也有用塑料做的永久性的。专用运雏盒顶盖四壁都有通风孔，盒内有四分格的挡板，四角有支柱。专用运雏盒使用前要严格进行消毒，并在盒内铺上草纸。每箱装 1 00 只（夏季装 60～80 只）。装车时盒与盒之间都要留好空隙。如用其他工具运雏，也要注意透气、通风，防止压死。运输前要做好清洗消毒，装盒要平衡、牢固，不能有缝。最好在白天行车。夏季运雏，在早晚凉爽时行车，并保证通风良好。无论何时运雏，途中都要不断检查，发现过冷、过热或通风不良等情况，都应及时采取措施。另外，行车要平稳，途中不可经常停车。

（3）初生雏的安放

雏鸡运到育雏舍后应立即安放，健弱雏鸡分群安放，使雏鸡尽早安定下来，及早饮水和吃料。在卸车搬箱运雏过程中速度要快，行动要稳，也要注意防风、防寒、防闷。长距离运雏，到达后应先饮水后喂料。

5. 育雏的环境条件

（1）温度

①育雏温度对雏鸡的影响。育雏温度与雏鸡的体温调节、采食、运动和饲料的消化吸收等均有密切关系。温度过高，雏鸡新陈代谢受阻，食欲减退，大量消耗体内的水分，引起生理功能失调，发育缓慢，体质软弱，且容易发生呼吸道疾病或出现啄肛等恶癖；温度过低，雏鸡怕冷挤在一起，减少采食和活动时间，体温散失快，消耗能量多，雏鸡增重慢，还容易发生呼吸道疾病，诱发白痢等疾病。

②正确的育雏温度。正确的育雏温度包括育雏室的温度和育雏器的温度。育雏室的温度要比育雏器的温度低，应保持在24～25℃。育雏器温度指距热源 50 厘米、离地面 5 厘米处的温度，立体育雏时的温度指笼外离地面 1 米处的温度。各周龄育雏器的合适温度见表 4-4。

表 4-4　各周龄育雏器的合适温度

周龄	1	2	3	4	5
温度（℃）	30～32	27～29	24～26	21～23	18～20

育雏温度是否合适除用温度计检查外，更重要的是经常观察雏鸡的活动表现。温度过高，雏鸡表现为远离热源，大量喝水，张开翅膀，张口喘气；温度过低，雏鸡表现为靠近热源，缩成一团，不爱活动，绒毛耸起，夜间睡眠不稳，频繁尖叫，拥挤打

堆；温度适宜，雏鸡精神饱满，活泼好动，分布均匀，互不挤压，而且安稳，很少叫声。

（2）湿度

刚孵出雏鸡体内含水分76%。如湿度太低，育雏舍过于干燥，雏鸡体内水分散发过多，此时若饮水不足，雏鸡会因脱水而死亡，或影响卵黄吸收，长羽慢且无光泽，脚趾干，生长慢；湿度过高，雏鸡羽毛污秽、零乱，食欲差，垫料湿，易患疾病。育雏舍内适宜湿度为50%～60%。在保证饮水条件下，低湿比高湿好。

（3）通风

雏鸡生长迅速，新陈代谢旺盛，且雏鸡排出的粪便还有20%～25%营养物质尚未被利用，其中包括含硫蛋白质会分解产生有害气体（如NH_3和H_2S等），因此育雏舍除了要注意保温外，还要适当通风，以利于有害气体的排放，使其浓度在安全浓度以下（NH_3浓度低于0.002%，H_2S浓度低于0.001%，CO_2浓度低于0.5%）。雏鸡对氨气特别敏感，当育雏舍内氨气的浓度过高时，氨气刺激眼结膜引起角膜、结膜炎，并易诱发呼吸道疾病的发生。不过育雏期通风换气也要适当，既要防止育雏舍内热量大量排出舍外而影响保温，又要保持育雏舍内空气新鲜。生产上解决通风与保温这一对矛盾的做法是：通风之前先提高育雏舍的温度（一般1～2℃），待通风完毕后基本降至原来的舍温。通风的时间最好选择在晴天中午前后，通风换气要缓慢进行，门窗的开启度应从小到大，最后呈半开状态。切不可突然将门窗大开，让冷风直吹，导致舍温突然下降。特别用煤保温更要注意通风。

（4）光照

土鸡育雏期的第一周，应给予较强的光照强度，使幼雏早日熟悉环境，方便饮食，一般以 20～40 勒光照强度为宜，以后逐渐降至 5～10 勒弱光照强度（每平方米平均用 2.7 瓦灯泡，约为 10 勒光照度）。其育雏期每天光照数以每天 23 小时为宜。

（5）适宜的密度和足够的采食、饮水位置

雏鸡饲养密度与饲养方式有很大关系。地面散养密度应该小些，网上平养密度可以大些。一般网上比地面可多养 20%～30%，笼养密度为地面饲养的 1 倍。随着鸡龄增大，应该逐渐减小密度。但在生产实践中往往以阶段来划分，前 4 周未能分辨公母以前为一个阶段，用同一种密度，地面平养 25 只/米^2，网上平养 30 只/米^2，笼养 50 只/米^2。另外，还要考虑品种的体型大小。饲养密度受季节影响很大，冬季密些，夏季要尽量稀一些。雏鸡育雏期 0～6 周龄适宜的饲养密度见表 4-5，育雏期每只鸡料槽位置为 2 厘米，水槽位置为 1 厘米。

表 4-5　雏鸡饲养密度　　只/米^2

周龄	地面平养	网上平养	笼养
1	50	60	100
2	30	36	60
3	25	30	50
4	20	24	40
5	15	18	30
6	13	15	26

（6）环境卫生

在育雏过程要经常保持环境、食槽、水槽清洁卫生，尽量减少幼雏受病原微生物感染的机会。

6. 雏鸡的饲养管理

（1）平养雏鸡的饲养管理

①适时饮水、开食。雏鸡出壳后 24 小时，或有 2/3 雏鸡有

啄食行为时开食较好。开食可用营养全价、平衡、适口性好、便于采食的碎粒料。经长途运输的雏鸡，最好不要超过36小时开食，因为36小时之前，雏鸡体内的卵黄尚未吸收完全，还能满足鸡的营养需要。开食过迟，会使鸡消耗体力，发生脱水和虚弱现象，如出现干脚、畏寒、体重减轻等，将影响以后的生长和成活率。饮水中可以考虑加入4%～8%葡萄糖、适量的抗生素、复合维生素、电解质。开食时应用大口径浅盘饲料盘，饮水器要注满清水。用较强的灯光，使雏鸡很容易见到料、水，引诱幼雏啄食，时间一长，幼雏便会自动开始吃料、饮水。

②雏鸡的日粮营养要全价，平衡，适口性好，便于采食。以碎粒料为好。

③提供充足清洁的水。水对鸡的生命健康来说非常重要，在某种意义上说，水比饲料还重要，因为鸡体的大部分都是水（约占鸡体重的70%），而且其生命的一切代谢过程都离不开水的作用。在整个养鸡生产过程都不能断水，要保证雏鸡能随时饮到清洁的水。这一点，对于中鸡、大鸡来说都一样。供水必须注意水的清洁卫生，人能饮用的水才能供给鸡饮用。特别是放养的鸡，必须避免鸡饮用地面积聚的浊水或其他不洁净的水。

④限制幼雏的活动范围。限制幼雏的活动范围的目的是防止幼雏远离热源而受凉。一般在育雏的初期，常以育雏器为中心在周围圈一圈护网。护网一般用铁丝或竹丝编制而成，或先制成木框，再钉细眼铁丝网。护网高40～50厘米，在育雏器外周60～150厘米处围成圆圈。育雏器内安一小灯泡，这样使幼雏对热源的灯光建立条件反射，遇冷即向育雏器内靠近。护网最初两天靠育雏器较近，限制幼雏的活动范围；随着雏鸡日龄的增大，护网逐渐向外扩展，以扩大雏鸡的活动场地；至15～25日龄时即可撤除。

⑤温度调节。在供温期间一定要使育雏温度满足各个周龄雏鸡需要。在雏鸡逐渐长大的过程中，随着雏鸡羽毛逐渐生长而将育雏温度降低，直至停止供温。在供温期间要尽可能保持温度的平稳下降，每周把温度调低2～3℃，最好分两次降低温度，不要使雏鸡突然感到寒冷。

⑥加强日常看护。日常看护是一项比较重要的管理工作。饲养员或技术员只有对雏鸡的一切变化情况了如指掌，出现问题时能及时分析原因，采取对应的措施，加强护理，才可提高雏鸡成活率，减少损失。饲养员应精心看护雏鸡，经常检查料槽、水槽的采食、饮水位置是否够用、规格是否需要更换。饲养员每天在喂料、换水、添加垫料时，要注意观察雏鸡的精神状态、活动、食欲、粪便等情况，及时剔出鸡群中的病弱雏。病弱雏常表现出离群、闭眼、呆立、羽毛蓬乱不洁、翅膀下垂、呼吸有声等症状。

正常的雏鸡采食、活动、睡眠都很有规律。白天，雏鸡活泼好动，在采食前后通常互相追逐，有时全群绕栏内圈行走，食饱后喜欢分散在保温伞等热源周围休息、睡觉。正常的睡觉姿势是头颈伸直，卧地而眠。如果鸡只不喜欢活动，羽毛松乱，互相拥挤，发出尖叫声，这往往是鸡舍育雏温度不够，鸡怕寒冷所致，应立即提高室内温度；如雏鸡远离热源而卧，张口呼吸，则说明温度过高；如果大部分鸡只都能活泼采食、正常睡眠，而个别鸡远离热源、不吃不饮、站立睡眠、头颈收缩、羽毛松乱、离群独立，往往是这些鸡得病，应把它们抓出隔离观察治疗。在晚上，主要注意观察鸡只的睡眠状态和听呼吸声音。如果发现鸡发出异常的声音，如呼吸道啰音、打喷嚏，就可能是鸡只着凉而得呼吸道疾病，这时应及时采取治疗措施。

每天早晨，饲养员都要注意观察雏鸡粪便的颜色和形状是否正常，以便于判定鸡群是否健康或饲料的质量是否发生问题等。雏鸡正常的粪便应该是：刚出壳尚未采食的幼雏排出的胚粪为白色和深绿色稀薄液体；雏鸡采食以后排出的粪便呈圆柱形、条状，颜色为棕绿色，粪便的表面有白色的尿酸盐沉着。有时早晨单独排出盲肠内的粪便呈黄棕色糊状，这亦属于正常粪便。病理状态的粪便可能有以下几种情况：肠炎腹泻，排出黄白色、黄绿色附有黏液、血液等恶臭的稀粪（多见于新城疫、霍乱、伤寒等急性传染病）；尿酸盐成分增加，排出白色糊状或石灰浆样的稀粪（多见于雏鸡白痢、传染性法氏囊病、传染性支气管炎等）；肠炎、出血，排出棕红色、褐色稀粪，甚至血粪（多见于球虫病）等。

⑦分群。在饲养过程中，同一群雏鸡因个体的差异，出现强雏、弱雏和病雏等。对弱病雏要另圈饲养，最好放在育雏室内温度较高之处，也要有适当的活动面积和理想的饮食条件，对病雏还要对症下药进行治疗。如将弱病雏鸡养在条件不好的地方，雏鸡不但不能很快地恢复健康，反而有可能更加虚弱甚至死亡。

⑧采用全进全出制度。为了有利于疾病防疫，现在养鸡都主张实行全进全出制度。“全进”是指一座鸡舍（或场）只进同一日龄的雏鸡。“全出”是指同一鸡舍的雏鸡于同一天（同一批鸡同时出）转到中鸡舍。“全出”后，将育雏鸡舍内能够拆卸的设备全部取出，做好进雏前的各项准备工作（清理、消毒等），再行接雏。这样可以避免一座鸡舍饲养多批日龄大小不同的雏鸡，致使鸡舍连续不断地使用。采用全进全出制度能有效地消灭场内病原微生物，切断病原循环感染的途径，使雏鸡生活于洁净的环境，能够健康地生长。此外，采用全进全出制度，场内养一批同一日龄的鸡，管理方便，也便于贯彻技术措施，饲养的鸡增重多，耗料低，死亡少。

⑨断喙。断喙的目的在于防止鸡群发生啄癖，减少饲料浪费。鸡群中发生啄羽、啄肛等恶癖不仅会引起鸡只的死亡，而且会影响鸡的生长速度和长大后商品优质鸡的外观，降低售价，给饲养者带来很大的经济损失。引起啄癖症的可能原因有：饲料中粗蛋白质含量不足（低于15%），或蛋白质够，但蛋氨酸和色氨酸不足；矿物质中钙、磷、锌、锰不足；维生素中A、D、B_1、B_{12}，以及叶酸、生物素等不足；鸡吃料不够，没饱感；管理过程有问题，如饲养密度太大，鸡舍内光线太强、湿度太低，强弱悬殊、不同羽色、不同日龄的鸡混养，死鸡不及时捡出，以及体表寄生虫等。

雏鸡必须及时断喙。第一次断喙在6～10日龄进行，弱雏、病雏或处在应激状态时的雏鸡，可适当推迟断喙时间，这样对雏鸡造成的应激较小，重断率较低，又便于操作。在专用的电动断喙器上，有直径为0.35厘米、0.40厘米、0.44厘米的小孔。操作时，用食指轻压雏鸡咽喉部，使其缩舌，然后将要切除的鸡喙插入孔内，雏鸡头稍向下倾斜，用一块热刀片由上向下切割（上喙与下喙在鼻孔前2～3毫米处同时切断），并在切口处灼烧1～2秒钟，以止血和防止感染。断喙时应注意：断喙器应清洗和消毒；刀片应加热到呈暗樱桃红色，温度约800℃；切喙的长度要适宜；为防止雏鸡出血和应激，可在饮水、饲料中加喂维生素K_3和维生素C，每千克饲料加5～10毫克维生素K_3和维生素C；断喙后喂料应多添一些，至少有半槽的深度，以利于雏鸡采食，避免喙碰撞槽底。

此外，雏鸡在饲养管理上还要注意保持育雏舍周围安静，防止噪声。突然的声响，容易引起雏鸡受惊而挤压死亡。加强灭鼠工作，防止鼠害。做好防疫措施，不让外人进入鸡舍。搞好环境卫生。

(2) 笼养雏鸡的管理

①育雏笼的检查。笼养育雏在育雏之前必须检查育雏笼，看育雏笼的底网是否有破漏，各个侧网和笼门是否严实，水槽、料槽是否完整、牢固。

②上笼。一日龄雏鸡运到育雏舍后，应尽快地将雏鸡放进笼内。开始上笼时，幼雏很小，为便于集中管理（如育雏笼为三层或四层），可将雏鸡放在温度较高又便于观察的上一二层。上笼时先捉健雏，剩下的弱雏放另外的笼饲养。然后在笼底铺纸，撒些饲料在上面，再在笼门外边的料槽加满并堆高饲料，让雏鸡在笼内容易见到，便于啄食。

③分雏。育雏笼内的幼雏养到15～20日龄，雏鸡已明显长大，活动能力也增强，应将原来集中养在一二层的幼雏分散到下层各层笼去。分雏时一般将弱小雏留在原先养的笼内；较大、较壮的雏鸡，捉出养到下层笼内。

④调整采食位置。雏鸡通过留在笼门的长孔、纵栅间隔或前网与料槽的间隔来采食。随着雏鸡的长大，每隔5～10天，调整一次采食位置，使雏鸡既能方便地伸颈到笼外采食，又不能钻出笼外。

⑤捉回地面雏鸡。笼养育雏过程，如鸡群不整齐，有大有小，小雏则经常钻出笼外；饲养员在喂料、喂水、接种疫苗、断喙时如操作不够细心，雏鸡也常钻出笼外。在地面活动的雏鸡给卫生与管理工作带来不少问题，如育雏舍地面潮湿，还会导致球虫病发生。因此，笼养育雏应及时将逃雏捉回笼内。这可利用雏鸡的趋光性与合群性，在夜间开灯撒料，待雏鸡聚在灯下采食时进行捕捉。

笼养育雏其他饲养管理措施和平养育雏一样。

7. 不同季节育雏管理特点

（1）春季育雏饲养管理特点

春季是养鸡黄金时间，但也是细菌繁殖旺盛的时节，应注意做好消毒工作。鸡舍温度要比正常时提高1℃左右。饲养人员、管理人员必须提高消毒防疫意识，进入鸡舍必须洗手消毒，必须穿工作靴、工作服，戴工作帽，并对其进行定期洗刷消毒。定期清洗消毒饮水器和料槽，及时清粪。鸡舍每周带鸡消毒一次。鸡舍与周围环境要有3米消毒隔离带，进入鸡舍门口设有消毒池或消毒盆。雏鸡转栏后，马上清洗消毒，空舍2～4周后方可进鸡。在保证鸡舍温度的前提下，要注意通风量。

（2）夏季育雏饲养管理特点

夏季由于天气炎热，气温往往超过雏鸡生长发育的要求，给雏鸡饲养管理带来了很大的不便，会出现雏鸡采食量下降、增重大幅度下降、饲料转化率降低等现象。为避免以上情况，在饲养管理上应注意以下几点：

夏季气温较高，雏鸡饮水较多，排出的粪便较湿，另外进入雨季空气湿度较大，鸡舍内的潮气不易排出，发病率会大幅度提高。必须保持育雏舍内干燥。加强通风，采取各种有效措施降低舍内温度。为了降低鸡舍内的温度，应打开鸡舍所有的进风口、排风口和风扇。

受气温的影响，雏鸡往往采食不足。为了保证优质鸡的采食量和增重速度，早晚凉爽时应增加喂料次数和给料量。在制定饲料配方时，根据雏鸡的采食量，应尽量提高日粮中能量、粗蛋白质、钙、磷等各种营养物质的浓度，以保证雏鸡每日进食的各种营养物质能满足生长发育的需要。夏季气温较高，饲料要尽量少买勤买，尽量减少贮存时间。如必须贮存，要放在通风、干燥、凉爽的地方贮存，不要放在阴暗的地方贮存，更不要放在阳光直射的地方贮存，以免引起饲料发霉变质，以及脂类和多种维生素变质损失。

夏季雏鸡的饮水频率和饮水量必然增加，这样雏鸡的饮水质量就显得非常重要。为了保证水的质量，一定要做到饮水要勤换，供给雏鸡清洁凉爽的饮水，水槽每天至少要消毒刷洗一次。严禁供给不符合卫生标准的饮水。

夏季蚊、蝇、昆虫较多，由蚊、蝇、昆虫引起疫病传播的可能性就会增大，因此，为了控制疫病的发生、传播和蔓延，一定要搞好灭蚊、灭蝇、灭虫工作。

夏季特别应注意减少各种应激因素。雏鸡转栏是整个饲养过程中的一个重要环节，夏季转栏时鸡笼装鸡不宜过多，以防雏鸡闷死。夏季应采取低密度饲养，以利于降温及优质鸡的增重。此外，在饮水或饲料中添加0.3%的碳酸氢钠和0.02%维生素C有抗热应激作用。

（3）冬季育雏饲养管理特点

冬季气温寒冷，育雏饲养管理要特别注意以下几点：

冬季气候寒冷，鸡舍内外温差大，舍内温度与鸡所需生理温度有差异。冬季饲养温度应比其他季节提高1～2℃，鸡舍进鸡前提前3天预温。冬季鸡舍通风与保温相矛盾，所以，要利用好鸡舍气窗，及时排出氨气和硫化氢气体，并在中午时打开向阳面窗（自上至下），可根据舍内温度的高低确定开窗面积的大小，进行通风；清粪工作应安排在下午1时左右为宜，以便及时通风，排出有害气体。要仔细检查鸡舍密封性，尤其防止鸡舍北墙或墙底部透风。常给鸡饮些姜汤。由于保温和通风相矛盾，舍内的空气很难达到清洁，容易诱发大肠杆菌病，应常给鸡饮消毒水，清洗肠道，并搞好舍内外的卫生。冬季风大寒冷、气候干燥、容易发生火灾，要仔细检查烟道、烟具、用电线路是否安全，排除一切火灾隐患。冬季取暖炉具多，易造成一氧化碳、二氧化碳含量增高，氧气含量降低，而导致一氧化碳中毒。烟筒安装要避开主风向，不能倒烟，烟筒结合部不能漏烟。

（四）土鸡生长期饲养管理

1. 转群注意事项

生长期也称中鸡阶段。土鸡的生长期一般是指5～10周龄。该期的生长强度虽比育雏期低些，但体重的增加仍较快，采食量不断增加，是骨骼和内脏器官生长发育的主要阶段。土鸡放养就是在雏鸡育雏结束脱温后将生长鸡放到野外去养。凡有荒滩、荒山、果林和树林的地方都可以用来放牧。放牧地要地势高燥、避风向阳、环境安静、饮水方便、无污染、无兽害。放养季节在南方以每年5～11月为宜。雏鸡经过保温育雏阶段后，就要脱温转入中鸡（生长期）放养阶段。

什么时候转入中鸡放养阶段才合适呢？要从几方面考虑：一是雏鸡的长势。如果雏鸡发育正常健康，可以早些。二是看气候。冬春季节，天气寒冷，保温时间应长一些，而在夏秋季节，天气暖和，可以半个月开始转群放养。三是看雏鸡的饲养密度。密度大的应早些。

雏鸡转群放养时要注意如下事项：

放牧以前，首先要停止人工给温，使鸡群适应外界气温。开始放养时应选择晴天在小范围进行试牧，每天放养2～4小时，以后逐步扩大放牧范围和延长放牧时间，使鸡逐渐适应环境的变化。其次还要训练鸡群，使其听到响音时就能聚集起来吃料，要求所有的鸡晚上都能回鸡舍。不能突然改变饲料，从用小鸡料到用中鸡料，甚至放养时用非常规的配合饲料，都要采用逐步过渡的办法，让鸡群有几天的过渡适应时间。鸡群在转群放养时，在一个新的环境条件下饲养，不可避免地产生对鸡不利的各种应激，导致鸡群的抗病能力下降，易感染各种疾病。为此，在转群放养的前后3天，最好在饲料或饮水中添加适量维生素和抗生素。

此外，采用放养法饲养，要求鸡舍简易，严密而又轻便，能防兽害。根据鸡群大小和运动场面积，适当搭一些油毡棚，这对防止鸡群被雨淋打、烈日暴晒、意外惊动等非常重要，不可缺少。油毡棚面积按每平方米容纳10～20只鸡设置。

林地、果园养鸡密度以每1/15公顷（1亩）果园放养1000只鸡左右为宜。果园内限定鸡群活动范围，可用丝网等围栏分区轮牧。果园放养周期一般1个月左右，这样鸡粪喂养果园小草、蚯蚓、昆虫等，给它们一个生息期，等下批鸡到来时又有较多的小草、蚯蚓等供鸡采食。如此往复形成生态食物链，可达到鸡、果双丰收。

从鸡舍转移到放牧地，或从一个放牧地转移到另一个放牧地，都要在夜间进行。第二天要迟些放鸡，让其认舍；食槽和饮水盆应放在门口，让其熟悉环境。头5天仍按舍饲时的饲料量饲喂，以后早晨少喂，晚上喂饱，中午酌情补喂。

2. 生长期日粮搭配

在土鸡放养期间，为了保证鸡的正常生长发育，保持鸡肉风味不变，必须科学地搭配日粮，选择营养全面、适口性好、易于消化的中鸡全价颗粒料，再适当搭配其他的饲料。放养鸡喂料，除放养的第一周早晚在舍内喂饲，中餐在休息棚内补饲一次外，第二周起中餐可以免喂，喂饲量早餐由放养初期的足量减少至七成；6周龄以上的大鸡还可以降至六成甚至更低些，晚餐一定要让其吃饱。营养标准由放养初（第四至第五周）的全部中鸡配合饲料逐步过渡至掺20%的完整谷粒（或小麦）等杂粮和10%～

15%青绿饲料，这样人为地促使鸡在果园中寻找食物，以增加鸡的活动量，采食更多的有机物和营养物。

3. 养蚯蚓、育虫喂鸡

中大优质鸡在放养期间为节省饲料成本，可以因地制宜养蚯蚓、育虫喂鸡。养蚯蚓、育虫喂鸡可充分利用农家的各种下脚料和废弃杂物以及一些廉价的农副产品，有利于环境保护和充分利用资源，降低养鸡成本，提高养鸡效益。

(1) 蚯蚓

蚯蚓又称地龙，是一种低等动物。它营养丰富。蚯蚓干粉一般含粗蛋白质55%，粗脂肪9%，无氮浸出物8%，粗灰分22.5%，并含有丰富的维生素。喂鸡可促进生长，是鸡的一种良好动物性蛋白质补充饲料，可以代替鱼粉使用。但最好经煮熟饲喂，以防感染气管交合线虫病。

目前我国农村已有许多地方大量繁殖良种蚯蚓，作鸡的动物蛋白质补充饲料，取得良好效果。家庭人工繁殖蚯蚓的方法有以下两种。

①三层循环深坑培育法。选择背阴潮湿，土质肥沃，距鸡场（舍）较近的地方，挖个深1米、宽1米、长1～4米的沟。先在沟底铺一层厚20厘米的腐熟畜禽粪，然后铺10～15厘米垫草，再铺10厘米厚的黑肥土。在每平方米的黑土上投放大蚯蚓10～20条。这样一层畜禽粪、一层垫草、一层黑肥土（投放蚯蚓）反复铺垫，直到填满后封土。经1个月左右即可开沟取出蚯蚓活食。开沟喂用时可将沟划成若干方块，根据鸡的用量，每天挖、每天喂，挖后继续培养，轮流喂用。

②三群分养法。将蚯蚓分成种子、繁殖和生产三群。选择粗壮、形状一致的大蚯蚓，组成专门提供良种用的种子群；用种子群的后代选优组成专门负责产卵的繁殖群；将繁殖群产的卵按顺

序置于生产场，用此卵孵化出来的蚯蚓组成生产群。种子群、繁殖群最好在室内多层搭架饲养。生产群无论在露天、搭棚、室内饲养均可。如为露天，以选择树林或果林底下为宜，不要挖坑，只需在地面上采取条状薄层加料，上加盖稻草或其他覆盖物即可。清卵和捕蚓采用向下翻动驱赶法，即第一步掀去覆盖物，第二步锄动饲料，第三步清去蚓粪，第四步捕集蚯蚓。

（2）蛆虫

蛆虫营养丰富，蛋白质含量高，也是补充动物性蛋白质饲料的一种活食。其培育方法简便经济，很适合家庭养鸡采用。培育时间一般在清明以后、霜降以前较为适宜。当前常用的育虫方法有以下 9 种。

①稀粥育虫法。选三小块地轮流在地上泼稀粥，然后用草等盖好，两日后尽生小虫子，轮流让鸡去吃虫子即可。注意防雨淋、防水浸。

②稻草育虫法。挖一宽 0.6 米、深 0.3 米的长方形土坑，将稻草切成 6～7 厘米长，用水煮 1～2 小时，捞出倒入坑内，上面盖上 6～7 厘米厚的污泥（水沟泥或塘泥等）、垃圾等。最后再用污泥实压，每天浇一盆洗米水。约过 8 天即生虫子，翻开让鸡啄食。食完后再盖好污泥等，照样浇洗米水，可继续生虫子。

③豆饼育虫法。把少量豆饼敲碎后与豆腐渣一起发酵，发酵好后再与秕谷、树叶等混合，放入 20～30 厘米深的土坑内，上面盖一层稀污泥，再用草等盖严实。过 6～7 天即生虫子。

④豆腐渣育虫法。把 1～2 千克豆腐渣倒入缸内，再倒入一些洗米水，盖好缸口，过 5～6 天即生虫子，再过 3～4 天即可让鸡采食。用 6 只缸轮流育虫可满足 50 只鸡的需要。

⑤腐草育虫法。在较肥沃的地块挖宽 1.5 米、长 1.8 米、深 0.5 米的土坑。底铺一层稻草，其上铺一层豆腐渣，然后再盖层

牛粪，粪上盖一层污泥。如此铺至坑满为止，最后盖一层草。经一周左右即生虫子。

⑥牛粪育虫法。在牛粪中加入10%米糠和5%麦糠拌匀，堆在阴凉处，上盖杂草、秸秆等，最后用污泥密封，约经过20天即生虫子。

⑦杂物育虫法。将鲜牛粪、鸡毛、杂草、杂粪等易生虫子物混合加水调成糊状，堆成1米高、1.5米宽、3米长的土堆，堆顶部及四周用稀泥抹一层，堆顶部再用草等盖好，以防太阳晒干。过7～15天即生虫子。

⑧麦糠育虫法。在庭院角处堆放两堆麦糠，分别用草泥（碎草与稀泥混合而成）糊起来，数天后即生虫子。轮流让鸡采食虫子，食完后再将麦糠等集中起来堆成堆，又可生虫子。

⑨猪粪发酵育虫法。每500千克猪粪晒至七成干后，加入20%肥泥和3%麦糠或米糠拌匀，堆成堆后用塑料薄膜封严发酵7天左右。挖一深50厘米土坑，将以上发酵料平铺于坑，厚30～40厘米，上用青草、草帘、麻袋等盖好，保持潮湿，20天左右即能生成大蛆虫。

4. 放养期天敌的防御和消除

放养的中小鸡个体小，无自卫和防御能力，而它的天敌又可从天空、地上来伤害它，因此防御和消除鸡的天敌是优质鸡放养管理中一项重要的工作。

（1）老鼠

鼠类是人畜共患病病原的重要宿主。它繁殖快，分布广，不仅能通过其粪尿及皮毛污染或携带蚤、螨等体外寄生虫，将病原体传播给人和畜禽，且会窃食粮食饲料，损坏器物用具，咬鸡偷蛋，给鸡场造成严重损失。因此，鼠害往往成为养鸡场的一个突出问题。根据各地经验，消灭鸡场鼠害必须既治本，又治标，采取打歼灭战的办法进行全面防治。无论在舍内育雏期间，还是在放养期间，老鼠都是小鸡的主要天敌。老鼠常把雏鸡咬死，吃其脑汁、眼睛，吞食血液和内脏，或拖入洞内，慢慢蚕食。主要防治办法有以下几种。

①破坏鼠的生存条件，控制鼠类繁殖。鼠类食性杂，凡鼠能吃的一切东西包括垃圾、粪便，都应严格藏好管好，以断老鼠食粮，控制其生存和繁殖。在养鸡场首先要把饲料藏好管好，袋装饲料要堆放整齐，离墙要有10～15厘米距离，离地面要垫高50厘米以上。仓库和栏舍地面不要散失饲料，已散落地面的要及时扫光藏好。雏鸡的尸体不要乱丢，最好深埋在老鼠不能去的地方，不然它们吃惯了死雏就会捕食活雏。

②清理环境，填塞鼠洞。养鸡场内物品要经常保持整齐、清洁和卫生，使鼠类无处躲藏。鼠类常常在建筑物外（包括栏舍、仓库和场围墙外）建巢做窝，然后通过各种通道进入场内、舍内和库内。因此，对场内下水道、通风口等管道周围的空隙，要严密堵塞。对下水道出口应安上防鼠板，以阻止鼠类通过。以石头、砖块紧塞于洞口。

③安装打鼠夹、捕鼠弓、捕鼠箱、电子捕鼠器；养猫捕食和吓走老鼠。

④实行药物灭鼠。药物灭鼠方法简便，短期即可收效，成本低，灭鼠率高，适合大面积灭鼠。但必须有计划、有组织地周密进行，采取打歼灭战的办法，即集中时间，全面投药，药量充足，达到全歼的目的。

毒饵一般由灭鼠药和食饵组成。目前常用的灭鼠药很多，鸡场的灭鼠药物以敌鼠钠盐较理想。它是一种无臭无味的黄色粉末，鼠吞食后，能破坏其血液中凝血酶原的合成，造成内脏出血，机体缺氧而死。对鼠类适口性好，用药量少，成本低，毒效高，而对禽类毒力弱。比较安全。通常配制成0.2%敌鼠钠盐稻谷应用，也可采用0.025%或0.05%低浓度毒饵多次投药灭鼠。投药后第三天起发现鼠尸，4～6天内死鼠达高峰。

摸清鼠类数量及其活动路线，对准鼠路、鼠洞，施放毒饵。通常鼠类多栖息在舍外隐蔽地或屋顶处，少数在舍内打洞筑巢。在摸清鼠的分布和鼠路、鼠洞后，实行全面布毒，内外夹攻，即鸡舍内外以及生活区、办公室和鸡场周围500米范围内的农田、荒地山林和居民点都同时布毒。药量投足3天量，按鼠路每隔2～3米放一堆，每堆30～50克。放毒3天后检查被食情况，吃了的补足，没吃的转移到吃了的地方去。

布毒3～4天后要经常捡收死鼠，加以处理。结束时要全面打扫消毒，堵塞鼠路。如此隔期进行，就可达到全歼鼠害的目的。

（2）鹰和鸮

鹰和鸮都是猛野禽，它们不仅捕食雏鸡，也捕食中鸡和大鸡。晴天多见鹰危害，阴雨天多见鸮危害，冬天的危害程度又较其他季节严重。土鸡在林地、山地、果园、荒坡地等放养时，饲养员应根据各地情况，经常注意天空，如有猛禽危害，即挥篙大声吆喝，指挥牧犬，疾速追赶，或配合猎人猎捕。

（3）蜈蚣、蛇

蛇可将雏鸡咬伤咬死。蜈蚣在受到鸡触动时就反转头来咬鸡，使其中毒而死。

（4）黄鼠狼、野猫等

多在夜间危害鸡群。可在窗户上安上渔网或铁丝网，或者养狗来防止黄鼠狼、野猫等侵害。

5. 公母分群饲养

公、母鸡由于生理基础不同，对生活条件、日粮的营养水平的要求和反应以及生长速度都不同。一般公雏羽毛长得较慢，易受环境的影响，争斗性也强，同时对蛋白质及其中的赖氨酸等的利用率较高，因而增重快，饲料效率高。此外，公鸡个大体壮，竞食能力强。而母鸡由于内分泌激素的作用，沉积脂肪能力强，因而增重慢，饲料效率低。公、母鸡混群饲养时，公、母鸡体重相差达 300～500 克；分群饲养一般只差 125～250 克。因此，公母分养，各自在适当的日龄上市，便于实行不同的饲养管理制度，有利于提高增重、饲料效率和整齐度，降低残次品率。

6. 生长鸡的日常管理

鸡舍（场）门口设立消毒用的脚盆及手盆，经常检查消毒盆内的消毒药物是否有效，是否应该更换或添加。进门换鞋，穿上工作服后方可进入鸡舍。

观察鸡群状态、活动规律、健康状况、温度是否适宜，有无精神不振、呆立缩脖、翅膀下垂、羽毛松乱、食欲不振、呆立一旁的鸡，有无脚部患病、站立不起来的鸡，有无病死鸡等。观察鸡群采食饮水情况：健康鸡食欲旺盛，采食迅速，饮水正常；病鸡挑食、拒食，或频频饮水。仔细观察粪便是否正常，有无拉稀、绿便或便中带血等异常现象。将病弱鸡隔离治疗，加强饲养管理工作，促使鸡群整齐一致。

检查饮水器是否有水，饮水是否清洁，饮水器是否洒水，饮水器高度是否比料桶高度低。检查料桶是否干净，料桶内是否有料。饲料桶高度是否合适（与鸡背平），饲料是否充足，饲料浪费是否严重。中鸡的生长较快，且鸡有挑食的习性，很容易把饲料槽中的饲料撒到槽外，造成污染和浪费。为了避免饲料的浪费，一方面应随着鸡的生长而更换饲料器，即由小鸡食槽换为中鸡食槽；另一方面应随着鸡只的增长，升高饲料槽的高度，保持饲料槽与鸡的背部等高。

土鸡放养期间要注意天气预报，避免鸡被雨淋而受凉或遭受意外。雨后要注意牧场低洼处不能积水。

在果林放牧，当果树打农药时，要注意风向。为避免鸡吃死虫，以隔离饲养几天为好。

检查有无啄癖现象发生。如有被啄鸡应及时排出，涂上紫药水，并分析原因，消除发病因素。按时接种疫苗，严格执行免疫操作规程，检查免疫效果。根据疫情要求，做好预防性投药。检查用药是否合理，药片是否磨细，用量是否准确，搅拌是否均匀。

加强夜间值班工作，细听鸡群有无呼吸系统疾病，鸡群是否安静，防止意外事故发生。每天做好各项记录，如耗料量、用药、鸡病情况、死亡鸡数量、湿度、密度等。

（五）土鸡育肥期饲养管理

土鸡育肥期通常是指 10 周龄后到上市前这一阶段，即土鸡生长的后期。此期饲养目标是促进鸡体内脂肪沉积，增加肉鸡的肥度，改善肉质和羽毛的光泽度，做到适时上市。

1. 提高日粮的能量水平

随着土鸡的日龄增长，体内增长的主要组织和中鸡阶段有很大差别，由长骨骼、内脏、羽毛到长肉和沉积脂肪。土鸡沉积适度的脂肪可改善鸡的肉质，提高商品屠体外观的美感，是上市出口所要求的。因此，此期在饲料配合上，一般应提高日粮的代谢能，相对降低蛋白质的含量，土鸡育肥期的能量水平一般要求 12～12.9 兆焦/千克，粗蛋白质 15％左右便可。

2. 公鸡的去势肥育（阉鸡）

地方品种的小公鸡性成熟相对较早，通过阉割去势再进行肥育，是我国民间的传统习惯。在许多地区农村至今仍然保持这个传统习惯。小公鸡去势可以避免公鸡性成熟过早，引起追母鸡、争斗、抢食料等，使肥度迅速下降，肉质也跟着下降，影响经济效益。阉鸡的特点是，除去小公鸡的睾丸以后，雄性生长优势消失了，生长期变长，同时沉积脂肪的能力也增强。因此，阉鸡的肌间脂肪和皮下脂肪增多，肌纤维细嫩，风味独特。烹制的阉鸡，肉味鲜美，肉质细嫩，滑软可口。同时土鸡的阉鸡养成后，其体重比同种正常公鸡体重大，载肉量多，深受消费者欢迎。

（1）小公鸡去势方法

在鸡的最后一个肋间，距背中线1厘米处，顺肋间方向开口1厘米左右。用弓弦法将切口张开，再用铁丝将一根马尾导入腹腔，用马尾捆扎睾丸系膜与背部的联结处，拉断系膜，使睾丸脱落取出。取出一个睾丸后再取另一个睾丸，必须把睾丸全部取出。如果切口小可不用缝合；切口大则需要缝合。另一种办法是采用小公鸡去势钳：将去势钳从切口伸入，转动90°，用钳嘴压迫肠道；看见睾丸后，张开钳嘴，把睾丸夹住，夹断睾丸系膜，取出睾丸。公鸡睾丸较大时不宜采用去势钳。

（2）阉鸡注意事项

适时阉割。小公鸡阉割日龄大小会影响阉鸡的成活率和操作难易程度。过迟过大阉割，鸡出血量增加，死亡率高；过早过小阉割，由于睾丸发育不成熟，睾丸过小，难以操作。故要适时阉割。一般认为地方品种土鸡在体重1千克左右时阉割较为合适。

选择适宜的气候条件。公鸡刚阉割后抵抗力显著下降，在恶劣的气候条件下（如下雨、潮湿、寒冷），很容易得病或造成伤口感染，使死亡率提高。所以阉割公鸡时应选择晴朗、温暖的日子进行。

做好公鸡阉割前后的准备和护理工作。在阉割的头天晚上，将要阉割的公鸡选出，关在笼里，防止手术前抓鸡追赶引起应激反应。为了减少公鸡在阉割期间流血，在阉割前后一周内最好在每千克饲料中添加 5 毫克的维生素 K_3。手术后，为了减少伤口感染，可在饲料或饮水中加适量的抗生素。此外，应做好阉割公鸡的护理工作，10 天内不要放养，应笼养或在清洁、干爽、安静的地方栏养，喂给易消化的饲料，注意不要喂得太饱；手术后注意观察，如发现阉鸡皮下有胀气，可采用针刺放气处理，并投喂抗生素。

3. 后期育肥技术

鸡体的脂肪含量与分布是影响鸡的肉质风味的重要因素。土鸡富含脂肪，鸡味浓郁，肉质嫩滑。鸡体的脂肪含量可通过测量肌间脂肪、皮下脂肪和腹脂作判断。一般来说，肌间脂肪宽度为 0.5～1 厘米，皮下脂肪的厚度为 0.3～0.5 厘米，表明鸡的肥度适中；在该范围下限为偏瘦；在该范围上限为过肥。脂肪的沉积与鸡的品种、营养水平、日龄、性成熟期、管理条件、气候等因素有密切关系。土鸡都具有较好的肥育性能，一般在上市前都需要进行适度的肥育，这是土鸡上市的一个重要条件。土鸡的肥育，要注意以下事项：

①土鸡应在生长高峰期后、上市前 15～20 天开始肥育；公鸡在阉割 3～4 周后进行肥育。

②提高日粮的能量水平和脂肪含量，相对减低蛋白质含量，其营养要求达到代谢能 12～12.9 兆焦/千克，粗蛋白质在 15％左右；在饲粮中添加 3％～5％的动物性脂肪，如饲养地方品种，可供给富含淀粉的红薯、木薯和大米饭等饲料。

③肥育的土鸡应限制其活动，最好采用笼养。

④提高饲料的适口性，炎热干燥气候应将饲料改为湿喂或者拌饭粒饲喂，使鸡只采食更多的饲料。

⑤肥育的鸡舍环境应阴凉干燥，光照强度低。

4. 减少饲料浪费

饲料是土鸡生产中的最主要成本，通常占总成本的70%～80%。减少饲料浪费，提高饲料利用率，就能较大地降低生产成本，提高经济效益。减少饲料浪费从如下环节着手：

①使用的料槽或料桶结构合理，大小适中，料槽或料桶放置的高度适中。

②一次给料不能太多，以不超过料槽深度的1/3为宜。雏鸡最好采用碎粒料，中大鸡用颗粒料，颗粒的直径0.3～0.5厘米、长度0.8厘米。

③最好采用定期给水，减少饲料在饮水中的浪费。

④断喙有利于减少饲料浪费。

⑤注意饲料的贮藏保管，防止野鸟或老鼠损耗饲料。

5. 适时上市

土鸡随着日龄的增长，其增长强度逐渐减弱，饲料转化率也逐渐下降，但是土鸡的肉质风味又与其饲养的日龄长短及性成熟的程度有关，所以土鸡饲养的上市日龄应根据土鸡的种类、饲养方式、日粮的营养水平、气候条件、性发育程度、市场的价格综合适宜的上市日龄。土鸡半放养方式饲养一般在135日龄左右上市为宜。

6. 减少售鸡应激

对于小型上鸡饲养场而言，其饲养的土鸡销售方法是小商贩每天到场抓鸡贩卖，每一次抓鸡都会造成惊群应激，从而影响育肥后期的生长，并有可能由小商贩及抓鸡用具机械传播疾病。销售抓鸡应在天亮前进行，用红色光照，抓鸡动作要小心，避免折断脚、翅；或每幢鸡舍另开一小间，每天将次日要出售的鸡关入该间，从而减少对全群鸡的应激反应。

五、土鸡常见疾病防治

（一）土鸡疾病综合防治措施

鸡的疾病按其发生原因不同，一般可分为传染病、寄生虫病和普通病三大类。传染病是由一定的病原微生物（细菌、病毒等）侵入鸡体内生长繁殖，破坏鸡的机体正常生理功能，并能在鸡群中广泛传播，引起其他易感鸡发生相同疾病的一类疾病，如鸡新城疫、禽霍乱等；寄生虫病是由某种寄生虫侵袭鸡体后引起的疾病，也能在鸡群中传播、蔓延，使其他健康鸡发病，如球虫病、住白虫病等；普通病是由各种刺激物的作用以及饲料中某些营养素的缺乏或含有某种有毒物质而引起的疾病。普通病不会传染，但在集中饲养的情况下，可能会造成鸡大批发病，如维生素缺乏症、食盐中毒、黄曲霉毒素中毒、喹乙醇中毒等。

土鸡和其他动物一样，在其生长、发育过程中，只有在与周围环境条件相适应的情况下才能充分发挥其生产性能。

1. 加强饲养管理，增强抗病力

（1）选择生产性能好、体格健壮、适合放养的土鸡

为了获得生活力强和体格健壮的土鸡，应该从种源可靠的安全种鸡场引进鸡苗或种蛋，要避免引进弱雏或病雏。只有这样，才能确保鸡群的安全，充分发挥其生产性能，提高经济效益。

（2）供给足够的营养

土鸡放养并不是随意让鸡有什么吃什么，土鸡正常生长有赖于全价的营养物质。如果缺少某种营养或营养素不平衡，鸡的生长发育就会受到影响，甚至发生营养缺乏症。因此，必须根据土鸡在不同生长发育阶段的营养需要，合理地配制日粮，供给足够

的营养。此外，还要防止饲料霉变以及中毒。

（3）保证适宜的环境条件

适宜的环境条件对鸡的生长发育至关重要。由于鸡在较高密度下集约饲养，各个时期的饲养方式和气候条件往往有一定差异，因此，必须考虑如何营造适宜的环境条件。一般来说，鸡舍要清洁卫生、通风良好，并保持适宜的温湿度。不同日龄的鸡要分开饲养，严格执行全进全出制度和兽医卫生制度，以避免强弱不均和疫病交叉感染。土鸡中后期放养阶段往往鸡舍、设备及环境条件比较简陋，要根据其生产需要，因地制宜，创造适宜的放养条件。

（4）做好卫生工作

鸡舍（笼）和用具应保持清洁干燥。鸡粪和污物要经常清除，清出的粪便和污物应集中堆放在离鸡舍较远的地方进行生物热发酵，以杀灭其中的病原微生物及寄生虫卵。搞好环境卫生，清除鸡舍周围的杂物堆、垃圾堆和乱草堆。杂物堆常是鼠类藏身和繁殖的场所，鼠类又是一些病原体的宿主或携带者，它们在偷吃饲料时，往往其排泄物也污染了饲料、用具和水源，从而传播疫病；垃圾堆和乱草堆里常有多种昆虫滋生和栖息，这些昆虫往往是多种寄生虫或病原微生物的中间宿主或传播媒介。因此，搞好环境卫生和防鼠防虫是防疫灭病的重要环节。

（5）外来人员未经允许一律不得进入鸡舍

工作人员出入鸡场最好要换鞋、洗手。养鸡场应做到人员固定、用具固定，不能乱拿乱用。

（6）鸡舍布局和结构要合理

鸡舍之间应保持一定距离，以减少疫病传播的机会。鸡舍地面及墙壁要坚固光滑，以便于冲洗、消毒。

（7）选好牧场，采用轮牧饲养方式

土鸡中后期放牧饲养，应选择地势高燥、背风向阳、排水性能好、天然食物丰富、隔离条件好的放牧场。同时，由于放牧场难以进行彻底的消毒，所以应在适合放牧的果园、林地等圈围2～3块牧地，采用轮牧饲养方式，最好每养1～2批鸡，换一个牧地，自然净化病原微生物。

2. 坚持消毒制度，消灭病原体

消毒的目的是消灭散布到外界环境中的病原体，从而切断传播途径，防止疫病的发生和蔓延。它是确保鸡群安全必不可少的技术措施。按照消毒进行的时间不同，大体上可分为经常性消毒、定期性消毒和突击性消毒3种。

（1）经常性消毒

为了防止鸡在病愈后的一定时期内不断排出病原体，感染其他易感鸡，并通过饲养人员、用具和车辆等媒介传播疫病，鸡场要进行经常性消毒。一般是在养鸡场和鸡舍的进出口设置石灰盘或消毒池，经常保持有效的消毒药液，以便人员和车辆出入时消毒。

（2）定期性消毒

为了防止发生传染病，各养鸡场必须建立定期消毒制度，对鸡舍、用具等必须定期进行全面清洗和消毒。在每批雏鸡进舍前和每批成鸡上市后，都应进行一次全面、彻底的消毒。

（3）突击性消毒

突击性消毒通常是在养鸡场发生疫病后采取的一种措施，目的在于扑灭疫病，根除疫源，防止疫病蔓延。

养鸡场目前大都使用操作方便、效果良好的化学消毒剂。为了更好地发挥化学药物的消毒作用，使用时必须考虑病原体的特性、消毒对象以及使用方法。

3. 适时接种疫苗，增强免疫力

按照合理的免疫程序适时进行免疫接种，以增强鸡体的特异性免疫力，可有效地预防传染病的发生。

（1）免疫程序的制定

免疫程序是一个比较复杂的问题。即使有了较好的疫（菌）苗，如果免疫程序不合理，使用方法不当，也不会收到预期的效果。合理的免疫程序应该由兽医人员根据各地具体疫情研究拟订。在制订免疫程序时，应综合考虑本地或本场鸡病发生的历史、鸡的用途与日龄、母源抗体的效价、疫苗血清型、季节、不同的疫苗间干扰作用、疫苗的种类、疫苗使用方法，以及鸡体的免疫应答能力、免疫监测结果、鸡群的健康状况、饲养方式等因素。切忌机械照搬。

（2）免疫接种的方法

免疫接种的方法应根据不同疫苗的使用要求，采用相应的接种方法。接种方法有滴鼻、点眼，翼膜刺种，肌肉、皮下注射，饮水及气雾免疫等方法。

①滴鼻、点眼法。滴鼻、点眼可用滴管、点眼药水瓶或 5 毫升注射器（针尖磨秃）。先用 1 毫升水试一下，看有多少滴，以便于稀释疫苗时确定剂量。滴管等工具要注意消毒。滴鼻时左手握鸡，使一个鼻孔朝上，另一个鼻孔用手堵住；右手拿滴管，对准朝上的鼻孔缓慢滴入 2 滴，或两侧鼻孔各滴 1 滴。因为一只鸡眼内不能容纳 2 滴，所以点眼时应在两侧眼内各点 1 滴。要看到每一滴疫苗确实被鸡吸进鼻孔或在眼内耗下去，才能将鸡放开。此法适用于新城疫 B_1 系和 L 系苗、传染性支气管炎弱毒苗等。对雏鸡来说，这种方法可以避免疫苗病毒被母源抗体中和，从而有较好的免疫效果。应逐只滴鼻、点眼，才能保证每只鸡免疫效果较为一致。

②翼膜刺种法。在我国，目前唯一用此法接种的是鸡痘疫苗。正确的方法是：稍将鸡翅膀绷直，并抹平或拔掉翅膀内侧翼膜上的羽毛，用消毒过的刺种针或钢笔尖蘸取疫苗，在翅膀内侧无血管处刺入皮下 1～2 次。接种效果需在免疫接种后 5～10 天才能检查出来。一般来说，接种后，每 5000 只鸡最少应有 100 只产生“反应”。禽痘、禽脑脊髓炎等疫（菌）苗翼膜刺种后的正常“反应”是局部出现红肿，其范围一般不超过 10 毫米，并在反应灶中央有一干痂。如反应灶较大，有干酪样物，则表明有污染。如果没有结痂反应或无局部反应灶，则应检验鸡群是否处于免疫阶段、疫苗质量有无问题或接种方法有无差错。

③肌肉注射法。肌肉注射是把疫苗直接注射入胸部或腿部肌肉内。适用于接种活毒或灭活疫苗。鸡新城疫的中等毒力疫苗（例如Ⅰ系疫苗）用肌肉注射的免疫效果会比其他接种方法好；禽霍乱弱毒菌苗或灭活菌苗虽然也可采用皮下注射法，但肌肉注射效果较好。接种时切不可图快，以防漏注或误注等事故的发生。

④皮下接种法。皮下注射部位一般应在颈背中部或稍低处。正确的操作方法是用大拇指及食指捏住颈中线的皮肤（不能仅抓住羽毛），针头近乎水平刺入，入针方向应自头部插向体部。如果针头插得太深，插到颈肌甚至颈椎骨内，就可能会出事故。如果针头再次穿出皮肤，则药液会流出体外，等于没有接种。用于接种的针头，应在消毒前认真检查，保证针头尖利光滑，用手指触摸检查，没有毛刺或倒钩。在注射过程中，如发现针头严重弯曲，应立即废弃，不宜勉强留用。皮下注射所用针头的长度及大小应与预期注射的禽体大小相适应，一般选用长度较短、孔径适中的注射针头。如果使用连续注射器，特别要注意防止空注或注入量不足；注射灭活疫苗时更应注意，因为不同的疫苗黏稠度可

能不同，会影响连续注射器的灵敏度，从而使接种量不准确。皮下注射法适用于接种活毒及灭活疫苗。现在最常用皮下注射法进行接种的是鸡马立克病疫苗。

⑤饮水法。数量较大的鸡群，逐只进行免疫接种费时费力，骚扰鸡群，且不能于短时间内达到全群免疫。因此，常采用群体免疫法。群体免疫法中最常用、最简便的就是饮水法。目前广泛采用饮水法且效果良好的疫苗有新城疫 B_1 系及 L 系苗、传染性支气管炎 H_{52} 及 H_{120} 疫苗、传染性法氏囊病弱毒疫苗等。饮水法免疫虽然省时省力，但由于种种原因，会造成每只鸡饮入的疫苗量不一致，免疫效果参差不齐。

为了使饮水法免疫达到一定的效果，必须注意如下几个问题：用于饮水法免疫的疫苗必须是高效价的；免疫时稀释疫苗的水不含漂白粉等能使疫苗灭活的物质，最好用蒸馏水或冷开水；稀释液中要加入 0.1%～0.2% 的脱脂奶粉或山梨糖醇；饮水器要充足，不能用金属容器，要用塑料饮水器，使用前要彻底冲洗干净；为使每只鸡充分饮到水，在饮水免疫前 3～5 小时要停止供水（依不同季节酌定），使鸡产生渴感，以保证鸡只能尽快而又一致地饮完疫苗；免疫时间最好选择在清晨，还应注意避免疫苗暴露在阳光下；整个饮水免疫过程不要超过 2 小时。水的用量根据实际饮水量决定：4 日至 2 周龄，每只鸡为 8～10 毫升；2～4 周龄，每只鸡 12～15 毫升；4～8 周龄每只鸡 20 毫升；8 周龄以上为 40 毫升。

⑥气雾法。气雾法免疫不但省力，而且对呼吸道有亲嗜性的疫苗特别有效，例如新城疫 B_1 系、L 系弱毒疫苗和传染性支气管炎弱毒疫苗等。但是，气雾法免疫对鸡群的干扰大，尤其会加重慢性呼吸道病及大肠杆菌引起的气囊炎。必须注意，必要时可于气雾免疫前后的饲料或饮水中加入抗菌药物。

气雾法是用压缩空气通过气雾发生器，使稀释疫苗形成直径1～10微米的雾化粒子，均匀地浮游于空气之中，从而随鸡自然呼吸将疫苗吸入肺部而达到免疫目的。气雾法免疫要注意如下几个问题：疫苗必须是高效价的，而且通常采用加倍的剂量；稀释疫苗应用去离子水或蒸馏水，最好加入0.1%的脱脂奶粉或明胶；稀释剂内必须不含任何盐类，以免雾粒喷出后迅速干燥，引起盐类浓度提高而影响疫苗病毒的活力；雾粒大小要适中，一般以喷出的雾粒中有70%以上直径在1～10微米为最好（雾粒过大，停留于空气中的时间短，减少进入呼吸道的机会或进入呼吸道前部后即被滞留；雾粒过小，则易被呼气排出，且气雾在空气中滞留时间过长，对鸡群应激较大，易引起慢性呼吸道病及大肠杆菌性气囊炎等疾病）。进行气雾免疫时，房舍应密闭，减少空气流动，且无直射阳光，喷雾完毕20分钟后才开启门窗；雏鸡阶段用气雾法免疫，可用一网罩将雏鸡罩着再行喷雾免疫。用气雾法免疫比用饮水法更为有效，并可获得良好且一致的免疫效果。

⑦滴肛或擦肛法。滴肛或擦肛一般仅用于传染性喉气管炎的强毒型疫苗。方法是：把1000羽份的疫苗稀释于30毫升的生理盐水中（或按产品说明书进行稀释），然后把鸡的肛门向上，将肛门黏膜翻出，滴上1滴疫苗，或者用棉签（或接种刷）蘸取疫苗刷3～5下，接种后3～5天检查有无“反应”。反应是指泄殖腔外唇呈炎性肿胀，黏膜呈现卡他性、出血性或纤维素性炎症。如无上述反应，应立即重新接种，接种后第九天，接种鸡即可产生坚强的免疫力。要特别强调的是：从未发生过该病的鸡场，不宜使用这种强毒型疫苗进行接种。

（3）接种疫苗注意事项

疫苗的保存、运输要在低温环境下进行，各种疫苗保存期限因不同温度而异。农村专业户运输疫苗时，可将疫苗放入手提式冰壶，装上冰块并密封瓶口，运到后应根据疫苗的特性立即放入冰箱的结冻层或冷藏层保存。

按照疫苗瓶签的说明，准确无误地稀释疫苗，现配现用。疫苗使用前要用力摇匀，剩余的不能再用，废弃前要煮沸消毒。

如疫苗的瓶子破裂或瓶塞不紧，或疫苗色泽、沉淀有变化，或制剂内有异物、发霉和有臭味，或无标签或瓶签模糊不清，或无检验号码或过期失效，均不能使用。

做好预防接种记录，内容包括：接种日期、鸡的数量和日龄、疫苗名称、生产厂家、批号、生产日期、稀释剂和稀释浓度、接种方法等。

若采用注射接种，最好每只鸡用一只针头。如有困难，可每圈（笼）用一只针头。

4. 合理使用药物

（1）药物的剂型

家禽药物常用的剂型有散剂、预混剂、溶液剂、可溶性粉剂、微胶囊、注射剂、片剂和气雾剂等。

①散剂和预混剂。散剂和预混剂是将一种或多种粉碎的药物均匀混合而制成的干燥粉末状剂型，又称粉剂。随着集约化养殖的出现，很多药物如抗菌药、抗寄生虫药、维生素、矿物质和中草药，通常就是先制成散剂再混入饲料而饲喂家禽的。混入饲料前的散剂，又称预混剂。因此，预混剂实质上是一种或几种药物与适宜基质均匀混合而成的散剂。预混的目的是为保证药物在饲料中能混合均匀。

②溶液剂。溶液剂指非挥发性药物的澄清溶液，其溶媒多为水，也有醇和油。常用水稀释后供家禽饮用，此种用途在家禽养殖中很普遍。

③可溶性粉剂。可溶性粉剂是近年来养殖业出现的一种新剂

型，是药物与可溶性基质均匀混合而成的粉剂，用水溶解和稀释后供家禽饮用，其用途多为防治疾病。一般而言，家禽患病后食欲减退而保持饮水欲，经饮水给药更便于控制群体疾病。

④注射剂。注射剂又叫针剂，是可注射用药物经过严密消毒或无菌操作制成的水溶液、油溶液、混悬剂、乳剂或粉剂。凡易溶于水、又不易分解变质的药物多制成水针剂，如葡萄糖注射剂；凡不易溶于水而易溶于油的药物，一般制成油针剂，如维生素A、维生素D注射液。有些在溶液中不稳定，容易分解失效的药物，常制成粉针剂，临用时加入适当的灭菌溶剂，溶化后使用，如注射用青霉素G注射液等。

⑤微胶囊。微胶囊是将固体或液体药物包裹于天然或合成的高分子材料而成的微型胶囊。微胶囊可提高药效，增强药物的稳定性，或掩盖药物的不良气味等。维生素A、维生素E常制成微胶囊，以避免氧化失效。根据应用的需要，微胶囊还可被制成其他剂型，如散剂或预混剂。

⑥片剂。片剂是将一种或多种药物与适量的赋形剂混合后，用压片机压制成扁平或上下稍凸起的小圆形片状制剂，主要供内服，如磺胺嘧啶片。小的药片可直接给家禽投服，大的则研碎后投服。对于个体或小的群体，这种方法十分经济有效。

⑦气雾剂。气雾剂是将药物与抛射剂共同封装于具有阀门系统的耐压容器中，使用时掀开阀门系统，借抛射剂的压力将药物喷出的制剂。供吸入给药、皮肤黏膜给药或空间消毒，适宜家禽的群体给药。

（2）给药方式

鸡的给药方式主要有拌料、饮水、灌服、注射、气雾、喷雾、喷洒、药浴等。要根据药物的性能、鸡的生理病理状况和饲养管理条件，选择合适的给药方式。

①拌料。拌料是将药物均匀地混入饲料，让家禽在采食的同时摄入药物。此法简便易行，切实可靠，适宜禽类群体给药和长期给药。对于那些不溶于水、不改变饲料适口性的药物，用此法给药比较恰当。混饲给药应注意以下几点。

药物与饲料混合必须均匀：混药不匀，就会发生一部分饲料含药多，而另一部分含药低或不含药。家禽摄入含药高的饲料就会出现中毒反应甚至死亡，对于那些安全范围较窄的药物，情况更是如此。家禽摄入含药量低或不含药的那部分饲料，就达不到用药目的。为使药物与饲料充分混匀，必须按规定先将药物制成预混剂，然后用预混剂与饲料混合。

严格掌握混药的剂量和用药的时程：药物的混饲浓度，通常用克/吨或毫克/千克表示。用药目的不同，饲料中药物的含量也不同。

注意药物与药物、药物与饲料组分的相互作用：例如，氨丙啉与硫胺素（维生素 B_1）的结构相似，能竞争性地抑制球虫的硫胺素代谢而起抗球虫作用，当饲料中硫胺素的含量超过 1 毫克/千克时，其抗球虫作用减弱。又如金霉素、土霉素等能与饲料中的钙、镁等离子形成络合物，影响各自的吸收。

②饮水。饮水是将药物溶解于水中，让家禽自由饮用。此法常用于预防和治疗疾病，适宜因病不能采食但还能饮水的家禽。除要注意混饲中提到的有关问题外，混饮还应特别注意以下事项。

药物的溶解性和稳定性：易溶于水的药物，混饮的效果一般较好。难溶于水的药物，经加热、搅拌或添加助溶剂等方法使其溶解后混饮，也能收到较好的效果。用增溶方法不能溶解的药物，不得混饮给药。在水中不易破坏的药物，可让家禽全天候自由饮用。在水中易破坏的药物，应在一定时间内让家禽饮完药液，以保证药效。方法是，用药前给家禽停水一段时间（如2～4小时），然后喂饮药液。药液的量不宜过多，以够用为度。

药物浓度：药物混饮的浓度通常用毫克/升表示。应按家禽群体的大小计算出所需的药量，将药物加入适量的饮水中，充分搅拌，使药物完全溶解。如药量和溶解药物的水量计算有误，就会出现药物浓度过低，达不到防治疾病的效果；如药物浓度过高，会使家禽出现毒副作用。正常家禽的生理饮水量，一般是其饲料摄入量的1倍左右。因此，药物混饮的浓度应是其混饲浓度的一半。家禽饮水量与家禽的品种、饲养方式、饲料、季节及气候等因素密切相关。例如，动物在冬季的饮水量一般偏少，所配药液的量不宜多，但药物的浓度宜高，以保证动物每天摄入足够的药量；家禽在夏天的饮水量增加，所配药液量宜多，但药物的浓度应较低，以使家禽不摄入过量药物。

③灌服。灌服是将药物用导管投入嗉囊或胃内，使药物经胃肠吸收而作用于全身，或留在胃肠道行效于局部，适宜家禽个体和小群体给药。

④注射。注射是指在严格消毒条件下，通过注射器将药物注入家禽机体的给药方法。其优点是药物吸收快而完全，剂量准确，可避免消化酶破坏，作用更为可靠，适用于病情危急或不能口服的病禽。凡易被消化液破坏的药物，也可采用注射给药。注射的缺点是操作比较麻烦，不适宜大群体给药；无菌要求高，若注射器械消毒不严，可造成感染，注射局部可引起疼痛。对禽体注射，主要有皮下注射、肌肉注射、气管注射、嗉囊注射等。

⑤气雾。气雾给药是将药物抛射于禽舍的空气之中，作用于禽只的体内和体表的一种给药方法。家禽肺泡的表面积很大，有丰富的毛细血管，空气中的药物经肺泡吸收快，在全身起效迅速。由于肺泡呈周期性呼吸变化，药物是以一种间断性方式进入

体内。那些在肺泡不能吸收的药物，停留在呼吸道起局部治疗作用。所以，由气雾法所给的药物兼有全身和局部的作用。空气中的药物对禽只的皮肤黏膜和羽毛、禽舍的空气还能起消毒作用。这样，气雾给药还是一种体内和体外给药相结合的方式。气雾给药应注意以下事项。

选择适当的药物：药物应对禽只的呼吸道无刺激性，否则会引起炎症反应。对于全身给药，药物还必须能溶解于呼吸道的分泌物，因为只有溶解的药物才能吸收入血。

药剂的粒度和吸湿性：药物的粒度愈细，愈能进入肺部深处；因为容易由呼气排除，在肺部的保留率低，疗效愈差。粒度粗，只能落在上呼吸道的表面起局部作用，不能深入肺部，吸收入血少，全身疗效差。对于全身性给药，药物的粒度应在0.5～5微米。药物的吸湿性也影响药物粒子在呼吸道的位置，因为在通过湿度很高的呼吸道时，吸湿性高的药物粒子的直径迅速增大，影响药物到达肺的深部，因此，要使药物到达肺的深部，应选用吸湿慢的药物；而要使药物只分布到上呼吸道，则应选择吸湿快的药物。

剂量：药物在气雾剂中的剂量与其他制剂的剂量可能不同，不得随便套用。确定气雾剂剂量的方法，是通过实验测定气雾剂给药的血药浓度看其是否在安全、有效范围之内。

⑥喷雾、喷洒、药浴。是用一定的器具将药物喷在禽只的体表和养殖环境的外用给药法。此法用以杀灭体外寄生虫或病原微生物，也可用于禽舍、周围环境和用具等的消毒。抗寄生虫药和消毒防腐药往往对禽体有一定的毒性，使用不当或浓度过高，会引起动物中毒，要加以注意。

（3）家禽合理用药

药物具有二重性。一方面，它能提高禽生产性能，防治家禽疾病，改善饲料利用率。另一方面，药物的不合理使用或滥用，也有一些负面作用，如残留、耐药性、环境污染等公害，影响养殖业乃至人类社会的持续发展。

①化疗药物的合理应用。化疗药物包括抗菌药和抗寄生虫药。饲料中低浓度连续使用抗菌药物，能明显改善家禽的增重率和饲料的利用率，但用药不恰当，就能产生公害。因此，化疗药物的使用要注意以下问题。

选用正确的药物：每种药物都有其适用范围。例如，青霉素类主要抗革兰阳性菌，氨基糖苷类主要抗革兰阴性菌，四环素类和磺胺类抗菌范围较广，对革兰阴性菌和阳性菌都有作用，但只是抑菌作用而不是杀菌作用。大多数抗球虫药虽然对艾美耳球虫有抑制作用，但氨丙啉只对寄生于盲肠的球虫有效，对防治蛋鸡的球虫病效果较好。化疗药物的品种选择不当，不仅收不到应有的效果，反而还会引发病原的耐药性。一般来说，凡不需使用抗菌药物的就不要使用，如病毒性感染；凡用一种药物能解决问题的，就不要用多种；凡窄谱抗菌药物就能起作用的，就不用广谱药物。

确定合适的剂量：抗菌药物的剂量对保证用药效果，防止不良反应十分重要。剂量过小，达不到用药效果；剂量过大，则导致胃肠道常在菌群失调，引起消化功能紊乱。抗菌药物一般都有防治疾病和促进生长的双重作用，剂量不同，作用也不同。以金霉素为例，治疗疾病，每吨饲料添加100～200克；预防疾病，添加50～100克；促进生长，添加10～50克。

严格掌握用药的时机和期限：在疾病发生过程中，抗菌药物一般在发病的初期和急性期使用，效果较好。抗菌药物还在用药的期限上有要求。大多数抗菌药物要求在家禽或其产品上市前1～2周内停止使用，否则将导致药物在禽产品中残留。

采用交叉式用药：指将病原生物易产生耐药性的药物有计划地轮番在饲料（或饮水）中交替使用。包括轮番式用药（如一种药物连续使用几个月后，改用另一种药物）、穿梭式用药（在家禽生长的不同阶段，分别使用不同的药物）和轮换式与穿梭式结合使用等具体方式。此类方式对于抗球虫药尤为重要。每种抗球虫药长期使用都会产生耐药性，药效会越来越差，而研制开发新药，费用巨大。目前普遍采用的方式是，每种抗球虫药在同一养殖场的使用时间一般都不会超过 2 周，然后更换为另一种抗球虫药。这能有效避免球虫对药物产生耐药性。

科学地联合用药：对于严重感染如菌血症或败血症、混合感染如革兰阴性菌和阳性菌同时感染、继发感染或二重感染、某药单用会发生抗药性等情况，可将两种抗菌药物合用，以增强药物的效果，扩大适应证，降低毒副作用和防止耐药性发生。一般青霉素类与氨基糖苷类、磺胺类与抗菌增效剂合用，会产生协同作用，应选这些药物合用。其他抗菌药物之间合用，有些可能有相加作用，但大多数可能会发生颉颃作用。因此，一般不提倡合用。

②营养性药物的合理使用。在集约化养殖条件下，使用维生素和微量元素的目的，在于弥补基础饲料中营养成分的不足，或使各种营养成分得以平衡，提高饲料的品质和利用率。各种营养性药物的应用，首先应考虑土鸡饲养标准；其次，要考虑基础饲料中营养成分的含量。

家禽的维生素需要量：家禽饲养标准中所规定的维生素需要量，是在实验条件下通过饲养试验所获得的最低需要量。为了保证饲养的家禽有最佳的生产性能和饲料利用率，良好的健康状况和抗病能力，体内有足够的储备，维生素实际供给量通常要比最低需要量高几倍。我国大多数养殖场的饲养管理条件较差，家禽更容易发病，对多种维生素的需要量可能要高于饲养标准的推荐量。

基础饲料对维生素的影响：在许多常用饲料原料中，维生素A、维生素D、维生素K_3的含量极微，常可忽略不计，应全部添加使用。B族维生素在基础饲料中的含量不高，应查核实际含量，按"缺什么，补什么；缺多少，补多少"原则予以补充。基础饲料中一些营养成分要求增加某种维生素的用量，如饲料中添加油脂，就要增加维生素E等起抗氧化作用的维生素。许多饲料原料中还含有抗维生素类物质，如生大豆中含有脂肪氧化酶，能破坏维生素A和胡萝卜素。

维生素的稳定性：一些维生素的化学稳定性和光热稳定性较差，常需超量添加。按照国际惯例，超量添加的部分为5%～10%，但维生素A、维生素D_3和维生素K_3可超量3～4倍。维生素在加工和储存过程中也会损失一部分，也要加一个"保险系数"。保险系数的变动范围为10%～30%。

维生素超量的安全性：维生素是营养物质，但并非越多越好。维生素过量不仅不经济，反而还引起相反作用。例如，胆碱过量会降低钙、磷的吸收，维生素C过量会降低铜的吸收。

矿物元素的生物利用率（或生物效价）：各种矿物质的来源不同，化学结构就不同，生物利用率也不同。

矿物元素的相互作用：钙和磷之间存在着相互颉颃的关系，大剂量的钙会影响镁和锰的吸收。铁和铜在血红蛋白合成上具有协同作用，二者缺一都会引发贫血症。碘有助于磷在体内存积，钼增加氟的吸收和累积。

矿物元素与有机物的关系：日粮中脂肪含量过高，会使钙与脂肪结合成不溶性的钙化皂，降低钙的吸收，增加钙从粪中的排出量。日粮中的高量蛋白质则能促进钙和磷吸收。赖氨酸对钙、磷的吸收起促进作用。

基础饲料中矿物元素的含量：基础饲料中矿物元素的含量可因饲料原料的种类、品种、成熟度、产地和施肥等而变化。豆科牧草中含钙丰富，但酸性土壤或含镁量高的土壤长出的豆科牧草，含钙量低。含钙高的饲料中，镁的含量亦高。随着植物的成熟度变高，钙的含量下降。饼粕类和糠麸类饲料中铁、铜、锰、锌的含量高于籽实类饲料，玉米中这些元素的含量低于其他籽实类饲料。目前我国家禽日粮原料以玉米为主，一定要添加这几种微量元素。籽实类和大部分饼粕类饲料中，硒的含量均低于家禽的需要量，而鱼粉含硒丰富。因此，在无鱼粉的日粮中，硒的添加量要高于鱼粉日粮。目前普遍把家禽饲养标准中规定的微量元素需要量作为添加量，而把饲料中的天然含量作为补充值或保险系数看待。

(4) 不合理用药引起的公害问题

①残留。残留是指用药后药物的原形或其代谢产物在家禽的细胞、组织、器官或可食性产品（如蛋）中的蓄积、沉积、贮存或结合。环境化合物对可食性产品的污染，也称为残留。对于残留，人们所关注的是：它对生产动物和人体的毒性；它在动物性食品中的形态、数量和变化规律；它的允许量和监控方法，食品储藏、加工对它的影响。

残留对人体有许多危害。除变态或过敏反应外，一般不表现为急性毒性作用，主要是慢性毒性，如耐药性转移与传播、二重感染、致畸作用、致突变作用、致癌作用和激素样作用等。这些作用，一般是人摄入低量残留一段时间后，残留物在体内逐渐蓄积所致。某些个体对有些药物的敏感性比一般个体高，即使接触的残留物的量很低，也会发生毒性反应。

食品动物及其产品中的违规残留，大都是用药不合理或用药错误造成。总结起来，有以下几个方面。

不正确使用药物：如用药的剂量、途径、部位和家禽不符合标签说明，以致剂量过大、时间过长、用药方式和途径不当、靶动物不对，或标签外用药（即药物用于未经批准使用的动物，或将未经批准的兽药或人药用于食品动物）。

不遵守休药期：如在休药结束前屠宰家禽，用药不征求专业人员意见，不坚持做用药记录，对用药不做必要的监督和控制，家禽屠宰前用药物掩饰临床症状，逃避宰前检查。

药品标签不明：如指示用法不当，或不注明休药期，兽医师开写的处方没注明休药期。

疏忽大意或无意残留：如饲料粉碎或混合设备受到药物污染，将盛过药物的容器用于贮藏饲料，加药饲料的加工或运送出现错误，仓库发错或饲养员用错药物或加药、输送饲料的机械或车辆有药物交叉污染等。饲料生产不遵守操作规程，如生产加药饲料后机器设备没有经过彻底冲洗而用于生产非加药饲料，加药饲料没有混匀等。

饲养管理不当：如饲养员缺乏残留和休药期知识，随意改变饲养规程，重复使用污染药物的废水、废弃物，不更换垫料和饲槽，动物接触厩舍粪尿池中含有药物的废水和排泄物等。

②对肠道微生物的影响。肠道微生物群落是一个微生态系统，其完整性是机体抗病力的一个重要指针。微生物群落的变化，特别是因抗生素诱导所发生的变化，使抵抗肠道病原微生物（如沙门菌、大肠杆菌）的能力下降。低浓度抗微生物药的连续出现，还对肠道微生物群落具有一种选择作用，有利于天然的或获得的耐药菌过量生长繁殖。耐药微生物数量增加，就构成了一个耐药质粒库，使耐药性得以转移给消化道的其他病原菌。另外，肠道微生物紊乱，还使其他药物的疗效受到影响，也影响健

康。因此，人们有理由担心，人体摄入少量兽用抗微生物药（如家禽性食品中残留），可能改变消化道的微生物群落，使消费者的健康状况下降。

③环境污染。动物废弃物中所含的生长促进剂、抗生素、抗寄生虫药、激素以及病原等，是农业污染的重要组成部分。对动物使用兽药和饲料添加剂，特别是经饲料和饮水施用，是一种开放式的使用方式。在人、养殖动物、蚊虫和鼠类等的活动下，所用化合物很容易污染环境。抗生素以原形或代谢物形式进入动物的废弃物，再转移到土壤和水面而影响环境，影响微生物的平衡体系和水土的循环过程。它们在环境中蓄积，由植物的根系吸收，在植物体内长时间保持活性，如链霉素和四环素类。它们促进耐药性的形成和扩散，如林可霉素和泰乐菌素用作鸡的饲料添加剂，能够增加和延长耐药沙门菌的排出。厩肥中的抗生素，还能干扰土壤内环境平衡的肥源性微生物的活动。

5. 紧急防疫措施

当鸡场发生传染病或怀疑为传染病时，必须按“早、快、严、小”原则，迅速扑灭。

（1）迅速查明病因进行确诊

病鸡要立即隔离，指定专人管理，鸡场要严密封锁。如鸡场工作人员不能确诊，应将病鸡或刚死的鸡装在严密的容器内，立即送有关兽医部门检验。

（2）封锁病鸡场地

鸡舍、用具要彻底消毒。病死鸡的尸体及其粪便、垫料等，应运往指定地点烧毁或深埋，并对全场进行彻底消毒。

（3）隔离治疗

把病鸡隔开后，单独进行治疗。对于细菌性传染病，选用敏感药物，按疗程进行治疗。若患病毒性传染病，也要考虑用一些抗菌药物防止继发感染，再配合对症治疗，缓解症状，有些病鸡是可以康复的。没有治疗价值的重病鸡，要在不扩散病原的条件下迅速淘汰。

（4）紧急预防接种

当确定为鸡新城疫、鸡痘时，对体温正常、无病状的健康鸡群可注射疫苗，采取紧急预防接种，能迅速控制疫情的发展。如为细菌性疫病，可用抗生素或磺胺类药物进行治疗。

6. 传染病的治疗原则

传染病的治疗可以减少因疫病所造成的经济损失，同时也是消灭病原的方法之一。但是，在对病鸡进行治疗之前，应充分考虑其经济价值以及对公共卫生的影响，否则就会导致更严重的经济损失。

（1）细菌性传染病

可根据病原菌对药物的敏感性，选用最有效的抗生素或磺胺类药物治疗。在治疗过程中，要随时观察病情变化，并适当配合应用其他药物。每次治疗至少要坚持一个疗程，以防细菌产生抗药性。

（2）病毒性传染病

目前尚无特异的化学治疗方法。用抗菌药物可以控制细菌继发性感染，缓解病情，有助于病鸡康复。鸡的新城疫、传染性法氏囊炎可用高免卵黄抗体治疗，有一定的效果。

除了上述治疗原则外，对症治疗也十分重要。近年来的研究证明，某些中草药也有一定的抗菌、抑菌和增强机体免疫功能的作用，在发生传染病时也可择优使用。

（二）病毒性疾病

1. 新城疫

新城疫又叫亚洲鸡瘟，是由副黏病毒引起的高度接触性、急性败血性传染病。主要特征为呼吸困难、下痢、神经功能紊乱、黏膜和浆膜出血。

【流行特点】各种日龄的鸡易感性不同，幼雏和中雏易感性最高，老鸡易感性低。新城疫一年四季都能发病，但以春秋季节多发。新城疫的主要传染源是感染新城疫的病鸡，病鸡与健康鸡接触，经呼吸道和消化道感染。病鸡的分泌物中含大量病毒，病毒污染了饲料、饮水、地面、用具，经消化道感染。带病毒的尘埃、飞沫进入呼吸道，经呼吸道感染。此外，买卖、运输、乱屠宰病死鸡和带毒鸡或未经消毒处理的鸡产品都是造成本病流行的重要原因，某些鸟类也可传播此病。

【症状】自然感染的潜伏期一般为3～5天，根据临床表现和病程的长短，可分为最急性、急性、亚急性或慢性3型。

最急性型：突然发病，常无特征症状而突然死亡。

急性型：病鸡体温升高达43～44℃，食欲降低，精神不好，不愿走动，垂头缩颈，眼半闭，状似昏睡，离群呆立，鸡冠及肉髯渐变暗红色或暗紫色。病鸡咳嗽，呼吸困难，有黏液性鼻漏，常伸头，张口呼吸，甩头，并发出“咯咯”的喘鸣声，有时打喷嚏。病鸡嗉囊内充满液体内容物，倒提时常有大量酸臭的液体从口内流出。拉稀，粪便呈黄绿色或黄白色，有时带血，有的病鸡还出现神经症状，如翅、腿麻痹等，最后体温下降。病鸡一般在1～2天或3～5天死亡。

亚急性或慢性型：该型多由急性型转来，病鸡初期症状同急性型，表现为明显的呼吸症状；病程稍长的则出现神经症状，跛行，一肢或两肢瘫痪，两翅下垂，转圈，后退，头后仰或向一侧扭曲，常伏地旋转，动作失调，反复发作，受刺激后加重。除部分可以康复外，一般经10～20天死亡。此型多发生于流行后期的成年鸡，致死率较低，少数病鸡可自愈。成年鸡发病，除较轻的一般症状外，主要表现为产蛋量急剧下降，软壳蛋较平时明显增多，或有拉稀症状。

【病理变化】本病的病理变化具有败血症的病变特征，全身黏膜、浆膜出血，淋巴系统肿胀、出血和坏死，以消化道和呼吸道最明显。

最急性型：由于发病急骤，多数没有肉眼可见的病变，个别死鸡可见胸骨内面及心外膜上有出血点。

急性型：病变特征明显，口腔中有大量黏液和污物，嗉囊内充满大量酸臭液体和气体，食道和腺胃交界处常见有出血斑或出血带，腺胃乳头肿胀，乳头出血，肌胃角质膜下也可见出血点；整个肠道充血或严重出血，以十二指肠和直肠后段最严重，十二指肠常呈弥漫性出血，直肠黏膜常密布针尖大小的出血点，肠淋巴滤泡肿胀，常突出于黏膜表面，局部肠管膨大，充满气体和粥样内容物；盲肠扁桃体严重肿胀、出血和坏死，病程稍长者，肠黏膜上可出现纤维素性坏死灶，去掉坏死假膜，即可见溃疡；心外膜、心冠脂肪上可见出血点；严重者肠系膜及腹腔脂肪上可见出血点，喉头、气管内有大量黏液，并严重出血；产蛋鸡卵黄膜严重充血、淤血，卵黄破裂，形成卵黄性腹膜炎。

亚急性或慢性型：剖检变化不明显，个别鸡可见肠卡他性炎症，盲肠扁桃体肿胀、出血，小肠黏膜上有纤维素性坏死。

近年来由于新城疫野毒毒力增强，疫苗使用方法、使用途径、疫苗选择不当等原因，非典型新城疫发病较多。非典型新城疫一般不呈暴发性流行，多散发，发病率为5%～10%。临床上缺乏特征性呼吸道症状，鸡群精神状态较好，饮食正常。个别鸡出现精神沉郁，食欲降低，嗉囊空虚，排黄色粪便等症状。从出现症状到死亡，一般为1～2天。产蛋鸡出现产蛋量下降，产软壳蛋等。

非典型新城疫的特征性病理变化表现在小肠上有数个大小不等的黄色泡状肠段。剪开该肠段可见肠内容物呈橘黄色、稀薄，肠黏膜脱落，肠壁变薄，呈橘黄色，缺乏弹性，肠壁毛细血管充血或出血，与周围界限明显。腺胃变软、变薄，腺胃乳头间有出血。产蛋鸡除上述病变外，卵泡变形，卵黄液稀薄，严重者卵泡破裂，卵黄散落到腹腔中形成卵黄性腹膜炎。潜伏期一般为3～5天。

【防治】

①加强卫生管理，防止病原体侵入鸡群。禁止从污染地区引进种鸡或雏鸡，也不要从这些地区购买饲料、养鸡设备等，禁止无关人员进入鸡场，并防止飞鸟和其他野生动物的侵入。在饲养管理上，应实行全进全出的饲养管理制度，以防病原体接力传染，并定期带鸡消毒。

②定期预防接种，增强鸡群的特异免疫力。预防新城疫，需要制定一个合理的免疫程序，以使鸡群保持高度、持久、一致的免疫力。但免疫程序的制定应该考虑多方面的因素。首先是本地区该病的流行情况及特点，同时要根据本场的饲养规模、饲养方式、使用新城疫疫苗的种类以及适用的免疫方法等。同时还应重视其他疫病对新城疫防治的影响，例如，鸡传染性法氏囊病、鸡马立克病、鸡白痢病、鸡慢性呼吸道病等。免疫程序不能千篇一律，也绝不能一成不变，更不能照搬其他场的免疫程序。在制定免疫程序时，应以对鸡群免疫状态与抗体水平的监测为基础。在安全地区，HI抗体的滴度 $\log_2$ 平均值为3～4时进行免疫；在

不安全地区，HI 抗体的滴度 log_2 平均值为 4～5 时即可免疫。有条件的鸡场最好根据抗体血凝抑制效价监测结果来确定免疫的最适时间。

没有监测条件的鸡场可参照以下免疫程序进行：

优质鸡出壳后 7～10 日龄用Ⅱ（B_1）系、Ⅳ（L）系或 Clone-30 疫苗点眼或滴鼻进行首免。二免最好在首免后 15 天进行，疫苗与首免相同，可用饮水免疫。三免与二免之间的间隔时间以不超过 25 天为宜。四免的时间要根据监测结果及饲养期而定。如果饲养规模较小，或处在新城疫严重污染或受威胁地区内，应在二免后根据抗体效价选择免疫时机，采用中等毒力疫苗（即Ⅰ系苗）进行注射免疫，也可以用灭活苗和弱毒结合使用。

鸡群发病后，无特异治疗方法，应采取紧急免疫的措施。可视鸡的日龄大小，分别用Ⅳ系或 Clone-30 疫苗加倍量饮水，Ⅰ系苗肌肉注射。

2. 禽流感

禽流感是由 A 型流感病毒中的任何一型引起的一种感染综合征。本病对家禽的危害从轻度上呼吸道疾病、产蛋量下降到急性全身致死性疾病不等。

【流行特点】流感在鸡中，土鸡比快速型鸡易感性低。感染鸡从呼吸道、结膜和粪便中排出病毒，被病毒污染的任何物品，如鸟类和哺乳动物、饲料、水、设备、笼具、衣物、运输车辆和昆虫等，都易传播疾病。

【症状】潜伏期较短，从几小时到 3～5 天。本病的发病率和死亡率、病鸡的症状各异，轻重不一，差异很大，从无症状的隐性感染到 100％的死亡率，取决于禽类种别和毒株，以及年龄、环境等因素。

由高致病力毒株，如 H_5N_1 禽流感病毒感染鸡后形成的高致病力禽流感，其临床症状多为急性经过。最急性的病例可在感染后10多个小时内死亡。鸡群采食量明显下降，甚至几乎废食，饮水也明显减少，全群鸡均精神沉郁，呆立不动，从第二到三天起，死亡明显增多，临床症状也逐渐明显。病初体温可达42℃以上，精神沉郁，活动减少，昏睡。两眼突出，形如老金鱼头。眼睑肿胀流泪，眼角有小气泡，眼内有黏性或干酪样分泌物，严重者失明。病鸡头部肿胀，冠和肉髯发黑，羽毛蓬松无光泽。下痢，粪便黄绿色并带多量的黏液或血液；呼吸困难，歪头；种鸡产蛋率急剧下降或几乎完全停止，蛋壳变薄、褪色，无壳蛋、畸形蛋增多，受精率和受精蛋的孵化率明显下降；鸡脚鳞片下呈紫红色或紫黑色。在发病后的5～7天内死亡率几乎达到100％。少数病程较长或耐过未死的病鸡出现神经症状，包括转圈、前冲、后退、颈部扭歪或后仰望天等。

感染低致病力病毒后，最常见的症状是产蛋率下降，但下降程度不一。产蛋率受影响较严重的鸡群，蛋壳可能褪色、变薄。在产蛋受影响时，鸡群的采食、精神状况及死亡率可能与平时一样正常，但也可能见少数病鸡眼角分泌物增多、有小气泡，或在夜间安静时可听到一些轻度的呼吸啰音，个别病鸡脸面肿胀，但鸡群死亡数仍在正常范围。再严重一些的病例，则可见到少数病鸡呼吸困难，精神不振，下痢，鸡群采食量下降，死亡数增多。

【病理变化】

高致病力禽流感：最急性死亡的病鸡常无肉眼变化。急性者可见头部和颜面浮肿，皮下有黄色胶样浸润、出血，胸、腹部脂肪有出血斑；喉气管充血、出血；心肌坏死，坏死的白色心肌纤维与正常的粉红色心肌纤维红白相间；胰腺有黄白色坏死斑点，腺胃乳头、腺胃与肌胃交界处、腺胃与食道交界处、肌胃角质膜下、十二指肠黏膜出血；胸腺萎缩，有不同程度的点、斑状出血；法氏囊萎缩或呈黄色水肿，有充血、出血；肠黏膜充血或轻度出血。

低致病力禽流感：常见的眼观病理变化为喉气管充血、出血，在气管叉处有黄色干酪样物阻塞，气囊膜混浊；典型的纤维素性腹膜炎；产蛋母鸡输卵管黏膜充血、水肿，卵泡充血、出血、变形，有的发生卵黄性腹膜炎，公鸡睾丸变性坏死。胰腺有斑状灰黄色坏死点。

【防治】该病属法定的畜禽一类传染病，危害极大，故一旦暴发，确诊后应坚决彻底销毁疫点的禽只及有关物品，执行严格的封锁、隔离、消毒和无害化处理措施。

防治该病毒感染的重点是杜绝病原的最初传入和控制再传播。首先，要加强卫生管理，执行严格的检疫制度，防止引入病原。一旦发生可疑病鸡，就应及时采取封锁、隔离、消毒和严格处理病禽、死禽等措施。其次，在出现高致病力禽流感病毒感染时，要划定疫区，严格封锁和隔离，焚毁病死禽，对疫区内可能受到高致病力禽流感病毒污染的场所进行彻底的消毒等，以防疫情扩散，将损失控制在最小范围内。

平时应加强鸡场的防疫管理，鸡场门口要设消毒池，谢绝参观，严禁外人进入鸡场。工作人员出入要更换消毒过的胶靴、工作服，用具、器材、车辆要定时消毒。粪便、垫料及各种污物要集中做无害化处理；消灭鸡场的蝇蛆、老鼠、野鸟等各种传播媒介。建立严格的检疫制度，种蛋、雏鸡等产品的调入，要经过兽医检疫；严禁从疫区或可疑地区引进鸡苗或禽制品。加强饲养管理，避免寒冷、长途运输、拥挤、通风不良等因素的影响，增强鸡的抵抗力。土鸡要用 H_5N_1 和 H_9N_2 亚型灭活苗进行 2 次免疫。

3. 鸡马立克病

鸡马立克病是由疱疹病毒引起的一种淋巴组织增生性疾病。

其特征是外周神经、性腺、虹膜、各内脏器官、肌肉和皮肤等发生淋巴样细胞增生、浸润和形成肿瘤性病灶。

【流行特点】病鸡和带毒鸡是本病的传染源，感染鸡的羽毛囊上皮中有套膜的病毒粒子可脱离细胞而存在，自病鸡脱落带病毒的皮屑对外界有很强的抵抗力，常和尘土一起随空气到处传播而造成污染。鸡一旦感染后可长期带毒与排毒。马立克病病毒对初生雏鸡的易感性高，母鸡的发病率比公鸡高。鸡马立克病的发病率与鸡的品种、病毒毒力以及饲养管理的方式有关。若饲养管理条件差，饲养密度高，感染的机会就增加。本病不经蛋内传染，但若蛋壳表面残留有含病毒的尘埃、皮屑且又未经消毒就可造成鸡马立克病的传染。

本病具有高度接触传染性，直接或间接接触都可传染。病毒主要随空气经呼吸道进入体内，其次是消化道。病毒一旦侵入易感鸡群，其感染率可达 100%，但发病率却差异很大，可从百分之几到 80%，发病鸡几乎都要死亡。

【症状】本病是一种肿瘤性疾病，从感染到发病有较长的潜伏期。鸡马立克病多发生于 2～3 月龄鸡，但 1～18 月龄鸡均可致病。根据其病变发生部位和临床症状不同，可分为内脏型、神经型、眼型和皮肤型，其中以内脏型发病率最高。

内脏型：病鸡呆顿，精神委靡，鸡冠苍白，羽毛松乱、无光泽，行动迟缓，常排绿色稀便，消瘦。但病鸡多有食欲，往往发病半个月左右死亡。

神经型：由于病变部位不同，症状有很大差别。当支配腿部运动的坐骨神经受到侵害时，病鸡开始只见走路不稳，逐渐看到一侧或两侧腿麻痹，严重时瘫痪不起。典型症状是一腿向前伸一腿向后伸的“大劈叉”姿势。病侧肌肉萎缩，爪子多弯曲。当支配翅膀的臂神经受侵害时，病侧翅膀松弛无力，有时下垂。当颈部神经受侵害时，病鸡的脖子常斜向一侧。

眼型：病鸡一侧或两侧眼睛失明，病鸡眼睛的瞳孔边线不整齐呈锯齿状，虹彩消失，眼球如鱼眼呈灰白色。

皮肤型：病鸡退毛后可见体表的毛囊腔形成结节及小的肿瘤状物。在颈部、翅膀、大腿外侧较为多见。肿瘤结节呈灰黄色，突出于皮肤表面，有时破溃。

【病理变化】内脏型病鸡的肿瘤多发生于肝脏、腺胃、心脏、卵巢、肺脏、肌肉、脾脏、肾脏，其中以肝脏、腺胃的发病率最高。

肝脏：肿大、质脆，有的为弥漫型的肿瘤，有的为粟粒大至黄豆大的灰白色瘤，几个至几十个不等，有的肝脏上的肿瘤如鸡蛋黄大小。这些肿瘤质韧，稍突出于肝表面。

腺胃：肿大、增厚、质地坚实，浆膜苍白，切开后可见黏膜出血或溃疡。

心脏：在心外膜见黄白色肿瘤，常突出于心肌表面，米粒大至黄豆大。

卵巢：肿大4～10倍，呈菜花状。

肺脏：在一侧或两侧见灰白色肿瘤，肺脏呈实质性，质硬。

脾脏：肿大3～7倍，表面可见针尖大小或米粒大的肿瘤结节。

肌肉：肌肉的肿瘤多出现于胸肌，呈白色条纹状。

神经型病变多见坐骨神经、臂神经、迷走神经肿大，神经表面光亮，粗细不均，银白色纹理消失，神经周围的组织水肿。

【防治】本病目前尚无有效的药物治疗，土鸡放养方式饲养，其饲养期较长，在120日龄左右上市时，也正是鸡马立克病的高发期，所以只有采取综合性的防疫措施，才能减少本病造成的损失。

①加强免疫预防。目前应用的主要是冻干疫苗和液氮疫苗。应注意：购买疫苗后要严格按说明书上的要求保存和运送。使用时要用相应的稀释液进行稀释，现配现用。有条件的地方可将稀释好的疫苗放置在冰块中。疫苗一经稀释应在1小时内用完。

②防止鸡马立克病野毒早期感染。雏鸡出壳时接种鸡马立克病疫苗后，需要12～15天时间才能充分发挥免疫作用。在此期间极易感染外界环境中的鸡马立克病的野毒，致其免疫失败。因此，育雏室在进雏前应彻底清扫，用福尔马林熏蒸消毒，并空舍1～2周。育雏前期，尤其是前2周内最好采取封闭式饲养，以防感染。

③在鸡马立克病高发地区、环境污染严重的鸡场或怀疑有超强毒力的鸡马立克病野毒存在时，可更换疫苗种类，选用双价苗或多价苗。

④加强饲养管理，减少应激。优质鸡在饲养过程要防止饲养密度过大、饲料发霉变质、鸡舍通风不良、饲料营养水平差等应激发生，以增强其抗病能力。

⑤防止早期感染其他病原体。优质鸡在饲养过程要防止早期感染如传染性法氏囊病病毒、网状内皮组织增生症病毒、鸡传染性贫血病病毒、鸡白痢沙门菌等其他病原体，因为这些病原体均可干扰鸡马立克病疫苗的免疫作用。

4. 传染性法氏囊病

传染性法氏囊病是由传染性法氏囊病病毒引起的一种以破坏鸡免疫中枢器官——法氏囊为特征的急性、高度接触性传染病。本病的特点是发病率高，有明显的死亡高峰，病程短，腹泻，法氏囊出血、水肿，肾脏肿胀，腿肌、胸肌出血，腺胃和肌胃交界处呈条状出血。

【流行特点】各日龄鸡都能感染，但在3～6周龄易感性最强。多数雏鸡感染后不表现临床症状，但结果导致严重的免疫抑制。本病一年四季都能发生，但以 6～7 月发病较多。本病的传播方式是通过直接接触而感染，也可通过带毒的中间媒介物，如饲料、饮水、垫料、尘土、空气、用具、昆虫等而传播。本病主要通过消化道而感染，也可通过呼吸道感染。

【症状】根据临床表现分为典型感染和非典型感染。

典型感染多见于新疫区和高度易感鸡群，常呈急性暴发，1～2 天内可波及全群。病鸡表现为精神沉郁，食欲下降，羽毛蓬松，翅下垂，闭目打盹，有些病鸡自啄泄殖腔；腹泻，排出白色稀粪或蛋清样稀粪，内含细石灰渣样物，干涸后呈石灰样，肛门周围羽毛污染严重；畏寒、挤堆，严重者垂头、伏地，严重脱水，极度虚弱，后期体温下降。呈尖峰式的死亡曲线，发病后 1～2 天内病鸡死亡率明显增多且呈直线上升，5～7 天达到死亡高峰，其后迅速下降和恢复，病程约 1 周。本病的感染率为 100%，死亡率一般在 10%～30%，但若混合感染或继发其他疫病，死亡率会更高。

非典型感染主要见于老疫区和有一定免疫力的鸡群，常常是由于感染低毒力的传染性法氏囊病变异毒株而引起的。该病型的感染率高，发病率低，症状不典型。主要表现为少数鸡精神不振，食欲减退，轻度腹泻，死亡率一般在 3%以下。但病程和鸡群的整个流行期都较长，并可在一个鸡群中反复发生。该病型主要引起免疫抑制，感染鸡群对其他疫苗的免疫接种效果甚微或根本无效。

【病理变化】法氏囊是本病病毒侵害的靶器官，其病变具有诊断意义。在感染早期，法氏囊由于充血、水肿而肿大。感染 2～3 天后法氏囊的水肿和出血变化更为明显，其体积和重量增大到正常的 2 倍左右。此时法氏囊的外形变圆，浆膜覆盖有淡黄色胶冻样渗出物，表面的纵行条纹明显。法氏囊本身由正常的白色变为奶油黄色，严重时出血，法氏囊呈紫黑色、葡萄状。切开囊腔后，常见黏膜皱褶有出血点或出血斑，囊腔中有脓性分泌物。感染 5 天后，法氏囊开始缩小，第八天后仅为原来重量的 1/3 左右，此时法氏囊呈纺锤状，因炎性渗出物消失而变为深灰色。有些病程较长的慢性病例，外观法氏囊的体积虽增大，但囊壁变薄，囊内积存干酪样物。

在腺胃与肌胃交界处、腺胃与食道移行部交界处有出血带。盲肠扁桃体肿大、出血。肾脏肿胀，输尿管中有白色的尿酸盐沉积。严重者在病鸡的腿部、腹部及胸部肌肉呈现出血条纹或出血斑。

【防治】本病尚无有效防治药物，预防接种是控制本病的主要方法，同时必须加强饲养管理及防疫消毒工作。为防止育雏早期的隐性感染和提高雏鸡阶段的免疫效果，种鸡场应做好主动免疫工作，即在种鸡群开产前用油乳剂灭活苗进行预防接种，在种鸡 40～42 周龄时再用油佐剂灭活苗免疫一次，这样就能保证种鸡在整个产蛋期内的种蛋和雏鸡能保持相对稳定的母源抗体，并且均匀一致，为雏鸡阶段的免疫打下基础，也可有效地预防早期的隐性感染。目前使用的疫苗有两类，即活毒疫苗和灭活苗，活毒疫苗又分为弱毒苗和中毒苗。由于母源抗体水平、当地污染情况、鸡场性质、饲养管理方式不同，因此，在生产实践中，应根据本场情况综合考虑，选择适宜的疫苗和可行的免疫程序。在生产中可参考以下接种方案。

①种鸡：2～3 周龄用弱毒疫苗饮水免疫；4～5 周龄用中等毒力疫苗饮水免疫；开产前用油佐剂灭活苗肌注免疫。

②商品鸡：如果种鸡在开产前和 40 周龄注射过传染性法氏囊病油佐剂灭活苗两次，商品鸡可在 2 周龄用弱毒苗免疫一次，

4～5 周龄时再次免疫。第二次免疫可选用弱毒疫苗或中等毒力疫苗。如果种鸡免疫情况不详或未免疫，则商品鸡的首次免疫时间可适当提前到 7 日龄或根据抗体监测水平自行制定免疫程序。

发现传染性法氏囊病后，可及时注射高免血清或高免卵黄抗体，每只鸡 1～2 毫升，并在饲料或饮水中添加肾肿解毒剂。为避免病鸡脱水衰竭死亡，可饮口服补液盐以补充体液。由于法氏囊是一个免疫器官，患传染性法氏囊病后，机体的免疫功能下降，抵抗力降低，这时鸡易患球虫病、大肠杆菌病等。所以，除加强消毒外，饲料中应添加适量抗生素，以防止继发感染。

5. 传染性支气管炎

传染性支气管炎是由传染性支气管炎病毒引起的一种急性、高度接触性的呼吸道疾病。目前报道过的至少有 26 个血清型，不同血清型的毒株其致病性及所致呼吸道症状都有所差别。多数血清型的病毒可引起明显的呼吸道症状，某些血清型的病毒则引起明显的肾脏损害而不引起或只有很轻微的呼吸道症状。传染性支气管炎以咳嗽，喷嚏，雏鸡流鼻液，产蛋鸡产蛋量减少，呼吸道黏膜呈浆液性、卡他性炎症为特征。有的毒株则引起肾炎-肾病综合征。

【流行特点】本病各种日龄的鸡都可发生，但雏鸡最为严重，死亡率也高，一般以 40 日龄以内的鸡多发。本病主要经呼吸道传染，病毒从呼吸道排出，通过飞沫传给易感鸡，也可通过被污染的饲料、饮水及饲养用具经消化道感染。本病一年四季均能发生，但以冬春季节多发。鸡群拥挤、过热、过冷、通风不良、缺乏维生素和矿物质，以及饲料供应不足或配合不当，均可促使本病的发生。

【症状】鸡传染性支气管炎血清型较多，临床症状表现比较复杂。

呼吸型：鸡群往往发病突然。4周龄以下的雏鸡表现为张口呼吸、咳嗽、打喷嚏、呼吸啰音等症状。2周龄以内的鸡，还常见鼻窦肿胀、流鼻液、流泪、频频甩头等。病情严重时，病鸡精神沉郁、食欲废绝、羽毛松乱、体温升高、怕冷扎堆，甚至引起死亡。康复鸡则大多发育不良，形体消瘦，蛋雏鸡还会因输卵管损伤而严重影响或完全丧失产蛋能力。成年鸡感染传染性支气管炎后的呼吸道症状较轻微，相比之下产蛋性能的变化更明显。主要表现为开产期推迟，产蛋量明显下降，降幅在25%～50%之间，可持续4～8周。同时畸形蛋、软壳蛋、粗壳蛋增多，蛋的品质也下降，蛋清稀薄如水，蛋黄与蛋清分离。康复后的蛋鸡产蛋量很难恢复到患病前的水平。

肾型：主要发生于2～4周龄的鸡。初期（1～4天）表现轻微呼吸道症状，包括啰音、喷嚏、咳嗽等，但只有在夜间才较明显。呼吸道症状消失后不久，鸡群会突然大量发病，食欲下降、饮水增多、精神不振、拱背扎堆，排出水样白色稀粪，肛门周围羽毛污浊。病鸡因脱水而体重减轻、胸肌发绀，重者鸡冠、面部及全身皮肤颜色发暗。发病10～12天达到死亡高峰，死亡率约30%。

【病理变化】

呼吸型：幼雏主要病变表现为鼻腔、喉头、气管、支气管内有浆液性、卡他性和干酪样分泌物。鼻窦、喉头、气管黏膜充血、水肿、增厚。气囊轻度混浊、增厚。支气管周围肺组织发生小灶性肺炎。产蛋鸡则多表现为卵泡充血、出血、变形、破裂，甚至发生卵黄性腹膜炎。若在雏鸡阶段感染过传染性支气管炎，则成年后鸡的输卵管发育不全，长度不及正常的1/2，管腔狭小、闭塞。

肾型：表现为肾脏苍白、肿大、小叶突出。肾小管和输尿管扩张，沉积大量尿酸盐，使整个肾脏外观呈斑驳的白色网线状。在严重病例中，白色尿酸盐不但弥散分布于肾表面，而且会沉积在心包和腹腔脏器表面。其主要病变见于气管、支气管、鼻腔、肺等呼吸器官，表现为气管环出血，管腔中有黄色或黑黄色栓塞物。幼雏鼻腔、鼻窦黏膜充血，鼻腔中有黏稠分泌物，肺脏水肿或出血。产蛋鸡的卵泡变形，甚至破裂。

【防治】预防措施主要有：

①加强饲养管理，降低饲养密度，避免鸡群拥挤，注意温度变化，避免过冷、过热。加强通风，防止有害气体刺激呼吸道。合理配制饲料，防止维生素尤其是维生素 A 的缺乏，以增强机体的抵抗力。

②适时接种疫苗。预防本病所用的疫苗有传染性支气管炎弱毒苗 H_{120}、H_{52} 和 28/86（肾型）。首免可在 3 日龄用传染性支气管炎 H_{120}-28/86 二价苗滴鼻免疫，二免可在 20～30 日龄用传染性支气管炎 H_{52} 弱毒疫苗饮水免疫。种鸡，在肉用鸡免疫的基础上，开产前再用灭活苗肌注免疫一次。

本病目前尚无特异性治疗方法，改善饲养管理条件，降低鸡群密度，饲料或饮水中添加抗生素等对防止继发感染具有一定的作用。对肾型传染性支气管炎，发病后应降低饲料中蛋白质的含量，并注意补充电解质，同时用 0.1%～0.2%肾肿解毒药饮水。

6. 传染性喉气管炎

传染性喉气管炎是由传染性喉气管炎病毒引起的一种急性呼吸道传染病。本病的特征是呼吸困难、咳嗽和咳出含有血液的渗出物。剖检时可见喉头、气管黏膜肿胀、出血和糜烂，在病的早期患部细胞可形成核内包涵体。

【流行特点】本病各种日龄的鸡均可感染，但以成年鸡的症状最具特征。病鸡及康复后的带毒鸡是主要传染源，经上呼吸道及眼内传染。易感鸡群与接种了疫苗的鸡作较长时间的接触，也可感染发病。被污染的垫草和用具可成为传播媒介。本病一年四季都能发生，但以冬春季节多见。鸡群拥挤、通风不良、饲养管理不善、维生素A缺乏、寄生虫感染等，均可促进本病的发生。此病在同群鸡中传播速度快，群间传播速度较慢，常呈地方性流行。本病感染率高，但致死率较低。

【症状】由于病毒的毒力不同、侵害部位不同，传染性喉气管炎在临床上可分为喉气管型和结膜型。不同病型，所呈现的症状亦不完全一样。

喉气管型：由高度致病性病毒株引起，其特征是呼吸困难，抬头伸颈，并发出响亮的喘鸣声，表情极为痛苦，有时蹲下，身体就随着一呼一吸而呈波浪式的起伏；咳嗽或摇头时，咳出血痰，血痰常附着于墙壁、水槽、食槽或鸡笼上，个别鸡的嘴有血染。当鸡群受到惊扰时，咳嗽更为明显。检查病鸡的口腔，可见喉部有灰黄色或带血的黏液，或见干酪样渗出物。病鸡迅速消瘦，鸡冠发紫，有时排出绿色稀粪，衰竭死亡。本病的病程大约在15天左右，发病后10天左右鸡只死亡开始减少，鸡群状况开始好转。产蛋鸡群发病可导致产蛋量下降，下降幅度可达35%或甚至停产。

结膜型：由低致病性病毒株引起的，流行比较缓和，发病率较低，症状轻。其特征为眼结膜炎，眼结膜红肿，眼睑肿胀，上下眼睑被分泌物粘连，眶下窦肿胀，有的病鸡失明；病程较长，长的可达1个月，死亡率低，约为2%，绝大部分鸡可以耐过。如果有继发感染和应激因素存在，死亡率会有所增加。产蛋鸡产蛋率下降，畸形蛋增多。

【病理变化】

喉气管型：本病的典型病理变化在喉头和气管的前半部。发病初期，喉头气管黏膜肿胀，充血、出血，甚至坏死，喉头气管可见带血的黏性分泌物或条状血凝块。中后期死亡鸡只喉头气管黏膜附有黄白色纤维素性假膜，并在该处形成栓塞，患鸡多因窒息而死亡。内脏器官无特征性病变。

结膜型：有的病例单独侵害眼结膜，有的则与喉气管病变合并发生。结膜病变主要呈浆液性结膜炎，表现为结膜充血、水肿，有时有点状出血。有些病鸡的眼睑，特别是下眼睑发生水肿，而有的则发生纤维素性结膜炎，角膜溃疡。

【防治】预防措施主要有：

①坚持严格的隔离、消毒。坚持严格的隔离、消毒等防疫措施是防止本病流行的有效方法。由于带毒鸡是本病的主要传染源之一，故易感的鸡切不可和病愈鸡或来历不明的鸡接触。

②在本病流行的地区接种疫苗。弱毒疫苗的最佳接种途径是点眼，但这引起轻度的结膜炎且可导致暂时的眼盲，如有继发感染，甚至可引起1%～2%的鸡只死亡。一般首免可在4～5周龄时进行，12～14周龄时再接种一次。种鸡开产前20天再接种一次。

治疗方法主要有：

①此病如继发细菌感染，死亡率会大大提高，结膜炎的鸡可用氢化可的松眼膏点眼，同时用其他抗生素饮水或拌料。

②应用平喘药物可缓解症状，盐酸麻黄素每只鸡每天10毫克，氨茶碱每只鸡每天50毫克，饮水或拌料投服。

③个体治疗：对有喘鸣音者，可用氢化可的松或地塞米松与卡那霉素或其他抗生素配合，向口腔中滴注，每天一次，连用3天。喉头有堵塞物的，用尖嘴镊子除去。

④0.2%氯化铵饮水，连用2～3天。

⑤肌注喉气管炎高免卵黄抗体2毫升，隔天再肌注1次。

⑥中药治疗：中药喉症丸对治疗喉气管炎效果也较好。每天2～3粒/只，每天1次，连用3天。

7. 鸡痘

鸡痘是由鸡痘病毒引起的一种缓慢扩散、接触性传染病。本病的特征是在无毛或少毛的皮肤上有痘疹，或在口腔、咽喉部黏膜上形成纤维素性坏死性假膜。在大型鸡场易造成流行，可使鸡增重缓慢、消瘦；产蛋鸡受感染时，产蛋量暂时下降。若并发其他传染病、寄生虫病，卫生条件差或营养不良时，可引起大批鸡只死亡，尤其对雏鸡可造成严重的损失。

【流行特点】本病各种日龄的鸡都能感染，但以幼雏和中雏最常发病，雏鸡死亡多。本病一年四季均能发生，秋冬两季最易流行，一般在夏秋季发生皮肤型鸡痘较多，在冬季则以黏膜型（白喉型）鸡痘为多。病鸡脱落和破散的痘痂，是散布病毒的主要形式。它主要通过皮肤或黏膜的伤口感染，不能经健康皮肤感染，亦不能经口感染。吸血昆虫在传播本病中起着重要的作用。蚊虫吸吮过病灶部的血液之后即带毒，带毒的时间可长达10～30天，其间易感染的鸡经带毒的蚊虫刺吮后而传染，这是夏秋季节流行鸡痘的主要传播途径。打架、啄毛、交配等造成外伤，鸡群过分拥挤，鸡舍通风不良、阴暗潮湿，体外寄生虫、营养不良、缺乏维生素，以及饲养管理不当等，均可促使本病发生和病情加剧。如有传染性鼻炎、慢性呼吸道病等并发感染，可造成大批死亡。

【症状】鸡痘的潜伏期4～14天，根据病鸡的症状和病变，可以分为皮肤型、黏膜型和混合型3种病型，偶有败血症。

皮肤型：皮肤型鸡痘的特征是在身体无毛或毛稀少的部分，特别是在鸡冠、肉髯、眼睑和喙角，亦可出现于泄殖腔的周围、翼下、腹部及腿等处，产生一种灰白色的小结节，逐渐成为带红色的小丘疹，很快增大如绿豆大痘疹，呈黄色或灰黄色，凹凸不平，呈干硬结节，有时和邻近的痘疹互相融合，形成干燥、粗糙呈棕褐色的大的瘤状结节，突出皮肤表面。痂皮可以存留 3～4 周之久，以后逐渐脱落，留下一个平滑的灰白色疤痕。皮肤型鸡痘一般比较轻微，没有全身性的症状。但在严重病鸡中，尤以幼雏表现出精神委靡、食欲消失、体重减轻等症状，甚至引起死亡。产蛋鸡则产蛋量显著减少或完全停产。

黏膜型（白喉型）：此型鸡痘的病变主要在口腔、咽喉和眼等黏膜表面。初为鼻炎症状，2～3 天后先在黏膜上生成一种黄白色的小结节，稍突出于黏膜表面，以后小结节逐渐增大并互相融合在一起，形成一层黄白色干酪样的假膜，覆盖在黏膜上面。这层假膜是由坏死的黏膜组织和炎性渗出物质凝固而形成。如果用镊子撕去假膜，则露出红色的溃疡面。随着病的发展，假膜逐渐扩大和增厚，阻塞在口腔和咽喉部，使病鸡尤其是雏鸡呼吸和吞咽障碍，严重时嘴无法闭合，病鸡往往张口呼吸，发出“嘎嘎”的声音。病鸡由于采食困难，体重迅速减轻，精神委靡，最后窒息死亡。此型鸡痘多发生于小鸡和中鸡，死亡率高，小鸡死亡率可达 50%。有些严重的病鸡，鼻和眼部也受到侵害，产生所谓眼鼻型的鸡痘，先是眼结膜发炎，眼和鼻孔中流出水样分泌物，以后变成淡黄色浓稠的脓液。时间稍长者，由于眼下窦有炎性渗出物蓄积，因而病鸡的眼部肿胀，结膜充满脓性或纤维素性渗出物，可以挤出干酪样的凝固物质，甚至引起角膜炎而失明。

混合型：本型是指皮肤和口腔黏膜同时发生病变，病情严重，死亡率高。

鸡痘的发病率高低不一，由少数到全群发病，死亡率也不相同。这与病毒的强弱、饲养管理条件、是否及时采取防治措施有关。一般成年鸡死亡率低，中鸡死亡率约 5%，雏鸡可达 10%以上。特别是鸡群拥挤、卫生条件差、营养不良，或者是混合型病例时，最严重的死亡率可达50%。

【病理变化】皮肤型鸡痘的特征性病变是局部灶性表皮和其下层的毛囊上皮增生，形成结节。结节起初表现为湿润，后变为干燥，外观呈圆形或不规则形，皮肤变得粗糙，呈灰色或暗棕色。结节干燥前切面出血、湿润，结节结痂后易脱落，出现瘢痕。

白喉型鸡痘，其病变出现在口腔、鼻、咽喉、眼或气管黏膜上。黏膜表面稍微隆起，白色结节，以后迅速增大，并常融合而成黄色、奶酪样坏死的白喉样膜，将其剥去可见出血糜烂，炎症蔓延可引起眼下窦肿胀和食管发炎。

【防治】鸡痘的预防，除了加强鸡群的卫生、管理等一般预防措施之外，可靠的办法是接种疫苗。目前应用的疫苗为鸡痘鹌鹑化弱毒疫苗：在鸡翅内侧无血管处皮下刺种1～2针。1月龄以内的雏鸡刺一针，2月龄以上的鸡刺两针。刺种后3～4天，刺种部位出现红肿、水泡及结痂；2～3周痂块脱落。免疫期5个月。凡用刺种或毛囊法接种的鸡，应于接种后7～10天进行抽查，检查局部是否结痂或毛囊是否肿胀。如局部有反应，表示疫苗接种成功，如无这些变化应予以补种。

目前本病尚无特效治疗药物，主要采用对症疗法。以减轻病鸡的症状和防止并发症。皮肤上的痘痂，一般不做治疗，必要时可用清洁镊子小心剥离，伤口涂碘酒、红汞或紫药水。对白喉型鸡痘，用镊子剥掉口腔黏膜的假膜，用1%高锰酸钾洗后，再用碘甘油或鱼肝油涂擦。病鸡眼部如果发生肿胀，眼球尚未发生损坏，可将眼部蓄积的干酪样物排出，然后用2%硼酸溶液或1%高锰酸钾冲洗干净，再滴入5%蛋白银溶液。剥下的假膜、痘痂或干酪样物都应烧掉，严禁乱丢，以防散毒。

8. 传染性脑脊髓炎

鸡传染性脑脊髓炎俗称流行性震颤，是一种主要侵害雏鸡的病毒性传染病，以共济失调和头颈震颤为主要特征。

【流行特点】各种日龄鸡均可感染，但雏鸡才有明显症状。此病具有很强的传染性，病毒通过肠道感染后，经粪便排毒，病毒在粪便中能存活相当长的时间。因此，污染的垫料、孵化器和育雏设备都可能成为病毒传播的来源。在传播方式上本病以垂直传播为主，也能通过接触进行水平传播。产蛋鸡感染后，一般无明显临床症状，但在感染急性期可将病毒排入蛋中，这些蛋虽然大都能孵化出雏鸡，但雏鸡在出壳时或出生后数日内呈现症状。这些被感染的雏鸡粪便中含有大量病毒，可通过接触感染其他雏鸡。本病流行无明显的季节性，一年四季均可发生，以冬春季稍多。

【症状】经胚传递感染的雏鸡，潜伏期为 1～7 天，经口感染或经接触感染的雏鸡，潜伏期最短的为 11 天。因此，一般认为出壳后 1～7 日龄出现症状者系病毒垂直感染所致，11～16 日龄表现症状者系水平传染所致。此病主要见于 3 周龄以内的雏鸡，虽然出雏时有较多的弱雏并可能有一些病雏，但有神经症状的病雏大多在 1～2 周龄出现。病雏最初表现为迟钝，继而出现共济失调，表现为雏鸡不愿走动而蹲坐在自身的跗关节上，驱赶时可勉强以跗关节着地走路，走动时摇摆不定，向前猛冲后倒下，或出现一侧或双侧腿麻痹。一侧腿麻痹时，走路跛行；双侧腿麻痹则完全不能站立，双腿呈一前一后的劈叉姿势，或双腿倒向一侧。肌肉震颤大多在出现共济失调之后才发生，在腿、翼，尤其是头颈部可见明显的阵发性震颤，频率较高，在病鸡受惊扰时更为明显。病雏在早期仍能采食和饮水，随着病情的加重便不能走动和站立，采食和饮水发生困难，随后卧地不起而受到同群鸡的践踏，以致死亡。此病的感染率很高，死亡率不定。种鸡刚受强毒感染后几天内产的种蛋，其孵出的小鸡死亡率高达 90%以上，随后逐渐降低。种鸡在感染后 1 个月，其后代就不再出现新的病例。

1 月龄以上的鸡受感染后，除出现血清学阳性外，无任何明显的临床症状和病理变化。产蛋鸡受感染后，除血清学诊断出现阳性反应外，唯一可察觉的异常是 1～2 周内的产蛋率有轻度下降，下降幅度为 10%～20%。由于引起产蛋率下降的因素很多，所以产蛋鸡感染后出现的这种异常现象很容易被忽视。

【病理变化】病鸡唯一可见的肉眼变化是腺胃的肌层有细小的灰白区，个别雏鸡可发现小脑水肿。组织学变化表现为非化脓性脑炎、脊髓背根神经炎、脑部血管有明显的管套现象。

【防治】本病尚无有效的治疗方法。一般地说，应将发病鸡群扑杀并做无害化处理。如有特殊需要，也可将病鸡隔离，给予舒适的环境，提供充足的饮水和饲料，避免尚能走动的鸡践踏病鸡等。

预防上可采取一般的对待传染病的卫生防疫措施，同时对鸡群接种疫苗。目前有两类疫苗可供选择，一类是致弱了的活病毒疫苗，可经饮水、口服或点眼滴鼻免疫；另一类是灭活的油剂苗，一般在种鸡开产前的 1 个月经肌肉注射接种。由于鸡传染性脑脊髓炎主要危害 3 周龄内的雏鸡，所以主要应对种鸡群进行免疫接种，较合适的免疫接种应安排在 10～12 周龄，经饮水或滴鼻、点眼接种弱毒苗，在开产前 1 个月接种一次油乳剂灭活苗。

（三）细菌性疾病

1. 鸡白痢

鸡白痢是由鸡白痢沙门菌引起的，主要侵害雏鸡，在出壳后

2周内发病率与死亡率最高，以拉白痢、衰竭和败血症过程为特征，常导致大批死亡。成年鸡感染后多是慢性经过或不显症状，病变主要局限于卵巢、卵泡、输卵管和睾丸。

【流行特点】鸡白痢一年四季均可发生，主要流行于2～3周龄的雏鸡，不同品种鸡的易感性有明显差异。鸡白痢主要是通过消化道感染。雏鸡感染恢复后或成鸡感染后能长期带菌，带菌鸡产出的受精卵约有1/3被本菌污染，卵黄中含有大量的病菌，不但可以垂直传给后代雏鸡，而且可以污染孵化器，造成更为广泛的污染。病鸡排出的粪便中含有大量病菌，饲料、饮水和用具被污染后，是传播的重要因素。患白痢公鸡的睾丸和精液中都含有病菌，可以通过交配进行传播。当饲养管理条件差、雏鸡拥挤、通风不良、温度过高或过低、饲料质量差以及发生其他疫病时都可以成为鸡白痢的诱因。

【症状】不同日龄的鸡发生鸡白痢时，其症状表现出较大差别，2～3周龄死亡率最高，4周龄时死亡迅速减少。

①雏鸡。雏鸡在5～6日龄时开始发病，病程一般为4～10天，2～3周龄是雏鸡白痢发病和死亡的高峰，严重污染的种鸡场可造成雏鸡20%～30%的死亡率，甚至更高。病鸡精神沉郁，低头缩颈，羽毛蓬松，食欲下降。由于体温升高、怕冷寒战，病雏常扎堆挤在一起，闭眼嗜睡。突出的表现是下痢，排出灰白色稀便，泄殖腔周围羽毛常被粪便污染，泄殖腔孔被干燥粪便糊住，病雏排便困难，可见努责、呻吟。有的急性病鸡生前不见下痢症状，如肺部有病变则出现呼吸困难，气喘，伸颈张口呼吸。病雏生长缓慢，消瘦，脐孔愈合不良，其周围皮肤易发生溃烂，卵黄吸收不良，腹部膨大。有时可见膝关节发炎肿大，行走不便、跛行或伏地不动。若防治不当，病雏鸡生长发育受阻，长成后有较高的带菌率。

②中鸡。多发生于40～80日龄的鸡，地面平养的鸡群发生此病较网上和笼养的鸡要多。另外中鸡发病还受应激因素的影响，如鸡群密度过大、环境卫生条件恶劣、饲养管理粗放、气候突变、饲料突然改变或品质低劣等。本病发生突然，鸡群中不断出现精神、食欲差的鸡和下痢的鸡，常突然死亡。每天都有死亡，数量不一，没有明显的高峰期。病程较长可拖延20～30天，死亡率可达20%。

③成年鸡。成年鸡群不表现急性感染的特征，感染可在鸡群内传播很长时间，但不出现明显的症状。通常可观察到不同程度的产蛋率、受精率和孵化率下降，这主要取决于感染程度。当鸡群感染比率较高时，可明显影响产蛋量，产蛋高峰不高，维持时间短，死淘率增高。有的鸡表现为鸡冠萎缩，有的鸡开产时鸡冠发育尚好，以后则表现为鸡冠逐渐变小，发绀。病鸡精神不振，饮水增加，时有下痢。

【病理变化】雏鸡、中鸡、成年鸡的病理变化不尽相同。

①雏鸡。早期死亡的幼雏，病变不明显。病死鸡脱水，眼睛下陷，脚趾干枯；肝肿大及充血，可见大小不等、数量不一的坏死点，有时有条纹状出血，胆囊扩张，充满大量胆汁，如为败血症死亡时，其他内脏器官也充血；脾脏肿大，卵黄吸收不良，外观呈黄绿色，内容物稀薄，严重者卵黄囊破裂，卵黄散落在腹腔中形成卵黄性腹膜炎。数日龄幼雏可能有出血性肺炎变化，病程稍长者可见肺脏有黄白色的坏死或灰白色结节，心包增厚，心脏上可见坏死或结节，略突出于表面，肝肿大脆弱，肾暗红色充血或苍白色贫血，肠道呈卡他性炎症，盲肠膨大，内有白色干酪样物质。日龄较大的病雏，可见到肝脏有灰黄色结节或灰色肝变区，心肌上的结节增大而使心脏变形，肾脏肿大、淤血，输尿管中有尿酸盐沉积。

②中鸡。病死鸡突出的变化是肝脏肿大，有的肝脏较正常肝脏大数倍。打开腹腔，整个腹腔被肝脏覆盖，肝脏质地极脆，一触即破，被膜下可看到散在或较密集的出血点或坏死点，这样的肝脏很容易形成肝破裂，有的见到血块覆盖在肝脏被膜下，有的则见整个腹腔充盈血水。脾脏肿大，心包增厚，心包扩张，心包膜呈黄色不透明，心肌可见有数量不一的黄色坏死灶，严重的心脏变圆，整个心脏几乎被坏死组织代替。相同的变化还经常存在于肌胃。肠道呈卡他性炎症。

③成年鸡。成年鸡常为慢性带菌鸡，主要变化在卵巢，卵巢皱缩不整，有的卵巢尚未发育或略有发育，输卵管细小。卵泡变形、变色，呈三角形、梨形、不规则形，呈黄绿色、灰色、黄灰色、灰黑色等异常色泽。有的卵泡内容物呈米汤样，有的稀薄如水，有的内含油脂状或干酪样物质，外面包有增厚的包膜。由于卵巢和输卵管功能失调，可造成输卵管阻塞或使卵泡落入腹腔形成包囊，卵泡破裂形成卵黄性腹膜炎，以及腹腔脏器粘连。成年鸡还常见腹水和心包炎。急性死亡的成年鸡，可见肝脏明显肿大、变性，呈黄绿色，表面凹凸不平，覆有纤维素渗出物，胆囊充盈；纤维素性心包炎，心肌偶尔见灰白色小结节；肺淤血、水肿；脾、肾肿大及点状坏死；胰腺有时出现细小坏死。公鸡感染常见睾丸萎缩和输精管肿胀、渗出物增多或化脓。

【防治】本病应从多个方面采取综合性的预防措施：

①检疫净化鸡群。鸡白痢沙门菌主要通过种蛋传递。因此种鸡应严格剔除带菌者，可通过血清学试验，检出阳性反应者。首次检查可在阳性出现率最高的 60～70 日龄进行，第二次检查可在 16 周龄时进行，以后每隔 1 个月一次，发现阳性鸡及时淘汰，直至全群的阳性检出率不超过 0.5％为止。

②严格消毒。孵化场要对种蛋、孵化器和其他用具进行严格

消毒。种蛋最好在产蛋后2小时就进行熏蒸消毒，防止蛋壳表面的细菌侵入蛋内。雏鸡出壳后再进行一次低浓度的甲醛熏蒸。育雏舍、育成舍和蛋鸡舍做好地面、用具、饲槽、笼具、饮水器等的清洁消毒，定期对鸡群进行带鸡消毒。

③加强雏鸡的饲养管理。在养鸡生产中，育雏始终是关键，饲养应十分细心，温度、湿度、通风、光照应严格控制。雏鸡应给予碎粒饲料，并少喂勤添，以最大限度减少鸡白痢沙门菌经污染的饲料传入鸡群的可能性。密切注意鸡群动态，发现糊肛鸡应及时隔离或淘汰。

④及时投药预防。在鸡白痢沙门菌流行的地区，雏鸡出壳后可饮用2%～5%乳糖水或5%红糖水，效果较好，或在饲料中添加抗生素。

磺胺类及其他抗生素对本病都有效果。用药物治疗急性病例，可以减少雏鸡的死亡，但痊愈后仍能带菌。

发病时可在饲料中加入土霉素，按0.1%的量拌于料中连用5～7天；磺胺二甲氧嘧啶按0.01%拌料，连用5～7天；环丙沙星按50毫克/升饮水，连用3～5天。此外，也可用林可霉素、新霉素等拌料或饮水。

上述药物在使用时要注意交替用药，以免沙门菌形成耐药性。

近年来微生态制剂广泛应用于养鸡生产中，它具有安全、无毒、不产生副作用、细菌不产生耐药性、无残留等优点。在使用微生态制剂的同时以及前后4～5天应禁止使用抗菌药物。

雏鸡发病后，在使用上述药物的同时，在饲养管理上应高温育雏，延长脱温的时间，以促进卵黄的吸收和脐孔的愈合。

2. 禽伤寒

禽伤寒是家禽的一种败血性疾病，呈急性或慢性经过。病原为鸡伤寒沙门菌，是较短而粗的杆菌。死亡率主要与鸡伤寒沙门菌的毒力及鸡群的健康状况和环境卫生管理等因素有关。

【流行特点】禽伤寒主要引起成年鸡发病，但有时雏鸡也会发生此病。本病与鸡白痢一样，造成的损失常始于孵化期，与鸡白痢不同的是损失持续到产蛋期。禽伤寒也有多种传播方式，受感染的鸡是本病蔓延与传播的最重要方式，这些鸡只不仅通过水平传播将病原传给其他鸡只，还可经卵传给下一代。饲养员、饲料商、购鸡者及参观者也是本病的传播者，他们穿梭于鸡舍之间以及鸡场之间，如果消毒稍不严，就会导致疾病传播。野鸟、苍蝇等其他动物可成为中间宿主。

【症状】禽伤寒虽然较常见于成年鸡，但也可通过种蛋传播，在雏鸡中暴发。在雏鸡中见到的症状与鸡白痢相似。本病的潜伏期 4～5 天，根据细菌的毒力和鸡的健康状况而有所不同，病程约为 5 天。在鸡群中，由此病引起的死亡可以延长至数周，然后逐渐恢复。如果种蛋带菌则在出雏器中可见到死雏和不能出壳的死胚。病雏体弱，发育不良，虚弱嗜睡，无食欲，泄殖腔周围黏有白色物，肺出现病灶时，有呼吸困难或打嗝。

中鸡和成年鸡急性暴发本病时，饲料消耗减少，精神委顿，羽毛松乱，鸡冠和肉髯苍白，体温升高 1～3℃，渴欲增加，有黄绿色腹泻。多在感染后 5～7 天死亡，死亡率为 5%～30%。成年鸡可能无症状而成为带菌鸡。有时还可发生慢性腹膜炎，鸡呈企鹅式站立。

【病理变化】最急性病例无剖检病变或甚轻微。幼鸡多发生肝、脾和肾的红肿，亚急性和慢性病例则肝肿大并呈铜绿色，有粟粒大灰白色或浅黄色坏死灶。胆囊肿大并充满胆汁，脾肿大 1～2 倍，常有粟粒大小的坏死灶。心包积水，有纤维素性渗出物，病程长时则与心外膜粘连，心肌有凸出的灰白色坏死灶。肾肿大充血，肌胃角质膜易剥离，肠道外观贫血，肠黏膜有溃疡，以十二指肠较严重。成年鸡卵黄囊变形，卵黄膜充血，呈灰黄或浅棕色，有时黑绿色，卵黄破裂后易引起卵黄性腹膜炎而死亡。发生慢性腹膜炎时，腹膜内有纤维素性渗出物，并造成内脏和肠壁相粘连。输卵管内有大量的蛋白和卵黄物质。公鸡睾丸肿胀并有大小不等的坏死灶。急性败血症死亡的鸡心外膜出血，有浆液性、纤维素性心包炎，出血性肠炎，脾肿大。

【防治】禽伤寒的防治方法和鸡白痢相同。

3. 禽副伤寒

禽副伤寒不是单一病原菌引起的疫病，而是沙门菌属中除鸡白痢和禽伤寒沙门菌之外的众多血清型所引起的禽沙门菌病，统称为禽副伤寒。

【流行特点】本病死亡一般仅见于幼龄鸡，以出壳后最初 2 周最常见，出生后 6～10 天是死亡高峰，1 月龄以上很少死亡。鸡对沙门菌感染的抵抗力随年龄增大而迅速上升，到 3～5 周龄时感染水平显著下降。但这些存活鸡中有很大部分仍然带菌，成为无症状的排菌者。由于禽副伤寒沙门菌群分布广泛，因此该病传播非常迅速，主要的传播方式有：病鸡卵巢受到感染后，直接经蛋传递；病菌经蛋壳上的孔隙穿入卵黄内，经蛋传递；孵化器、出雏器或育雏器被病菌污染；鸡舍环境、垫料、饲料袋、用具、饲料等受到病菌污染；成年鸡与雏鸡的直接或间接接触传播；人和其他动物，包括鸽、麻雀及一些野鸟的传播。

【症状】副伤寒感染的症状与鸡白痢、禽伤寒极为相似。成年鸡感染后多不表现症状，成为慢性带菌者，肠道带菌时间可达 9～16 个月。雏鸡对副伤寒易感。急性暴发时，在孵化器内或孵出后的几天内即发生死亡，且不见症状。一般发病和死亡多在 10～25 日龄。各种幼禽的发病症状很相似，表现为：精神沉郁，呆立，垂头，闭目，两翅下垂，羽毛松乱，食欲减少或消失，饮水量增加，出现水样腹泻，粪便附着于肛门附近，眼流泪、严重的引起失明，有时沙门菌侵犯关节引起关节炎。禽副伤寒的死亡率与饲养管理及卫生条件有关，一般为2%～30%。种蛋感染或在孵化早期感染时，则在孵化器内出现死胚或在啄壳后死亡，有时在出壳后数日内死亡。

【病理变化】雏鸡急性死亡时病变不明显，病程稍长时可见消瘦，脱水，卵黄凝固，肝、脾淤血并伴有条纹状出血或有针尖大灰白色坏死点，胆囊扩张并充满胆汁，肾脏淤血，心包炎，心包积液呈黄色，含有纤维素性渗出物。小肠有出血性炎症，盲肠膨大，内含有黄白色干酪样物质。成年鸡发生副伤寒时，肝、脾、肾肿胀、充血，出血性或坏死性肠炎，心包炎及腹膜炎，输卵管坏死性或增生性病变及卵巢坏死性病变。慢性时病鸡消瘦，肠黏膜有坏死性溃疡呈糠麸样，肝、脾及肾肿大，心脏有坏死性小结节。

【防治】禽副伤寒的防治方法和鸡白痢相同。

4. 禽霍乱

禽霍乱又称为禽出血性败血病，是鸡的一种急性败血性传染病。本病的病原是多杀性巴氏杆菌。

【流行特点】本病一年四季均可发生，但在高温多雨的夏秋季节以及气候多变的春季最容易发生。本病常散发或呈地方性流行。雏鸡对巴氏杆菌病有一定的抵抗力，感染较少，3～4月龄的鸡和成年鸡较易感。本病的主要传染源是病禽和带菌的家禽。带菌的家禽外表无异常表现，但经常排出病菌污染周围环境、用具、饲料和饮水，尤其是混养在健康鸡群中更容易引起流行。病禽的排泄物污染饲料、饮水，通过消化道感染健康的鸡，或由于病鸡的咳嗽、鼻腔分泌物排出病菌，通过飞沫经呼吸道而传染。

含有病菌的尘土，通过清扫、风吹而漂浮于空气中，鸡吸入后即引起传染。一些昆虫、犬甚至人都能成为传播本病的媒介。此外，鸡群的饲养管理不良、体内寄生虫病、营养缺乏、长途运输、天气突变、阴冷潮湿、鸡群拥挤、通风不良等因素，均可促使本病的发生和流行。

【症状】自然感染的潜伏期一般1～5天。由于鸡的抵抗力和病菌的致病力强弱不同，在疾病流行时鸡所表现的症状亦有差异。一般根据其临床症状分为最急性、急性和慢性3种病型。

最急性型：常发生于该病的流行初期，特别是成年高产蛋鸡易发生，该型病鸡生前不见任何临床症状，晚间一切正常，次日发现死鸡。有时见病鸡精神沉郁，倒地挣扎，拍翅抽搐迅速死亡。

急性型：此型在流行过程中占较大比例，发病急，死亡快，有的鸡在死亡前数小时方出现症状。病鸡表现为精神沉郁，羽毛蓬松，缩颈闭目，头缩在翅下，不愿走动，离群呆立。病鸡体温升高达43～44℃，少食或不食，饮水增多。呼吸困难，鸡冠及肉髯发紫，有的病鸡肉髯肿胀，有热痛感。口、鼻分泌物增加，常自口中流出黏液，挂于嘴角。病鸡腹泻，排黄白色或绿色稀便，产蛋鸡停止产蛋，最后发生衰竭，昏迷而死亡。病程短，发病后1～3天死亡。

慢性型：一般发生于流行后期或本病常发地区，有的是由毒力较弱的菌株感染所致，有的则是由急性病例耐过而转成慢性。病鸡经常腹泻，消瘦，精神委顿，食欲降低，多表现局部感染。如一侧或两侧肉髯肿大，翅或腿关节肿胀、疼痛，脚趾麻痹，因而发生跛行，病鸡鼻孔常有黏性分泌物流出，鼻窦肿大，喉头积有分泌物而影响呼吸。病鸡经常腹泻，消瘦，精神委顿，鸡冠苍白。本病的病程可拖至1个月以上。

【病理变化】

最急性型：常见不到明显的变化，或仅表现为心外膜散布针尖大点状出血，肝脏有细小的坏死灶。

急性型：其特征性病变在肝脏，表现为肝脏稍肿大，呈棕色或黄棕色，质地脆弱，在被膜下和肝实质中有弥漫性、数量较多、密集的灰白色或黄白色针尖大至针头大的坏死点。心脏扩张，心包积液，心脏积有血凝块，心肌质地变软。心冠脂肪有针尖大小的出血点，心外膜有出血点或块状出血，这种出血点也常见于病鸡的腹膜、皮下组织及腹部脂肪。小肠特别是十二指肠呈急性卡他性炎症或急性出血性炎症，肠管扩张，浆膜散布小出血点，透过肠浆膜见全段肠管呈紫红色，肠内容物为血样，黏膜高度充血与出血，肺脏高度淤血和水肿。脾脏一般无明显变化，或稍肿大，质地柔软。

慢性型：因病原菌侵害的器官不同，所表现的病理变化有所差异。当以呼吸道症状为主时，其内脏特征性病变是纤维素性、坏死性肺炎，肺组织由于高度淤血与出血，变为暗紫色，局部胸膜上常有纤维素凝块附着。鼻孔、鼻窦及喉头等处黏膜肿胀，积有纤维素性渗出物。胸腔经常会有淡黄色、干酪样化脓性纤维素性凝块。侵害关节的病例，常见足与翅各关节呈现慢性纤维素性或化脓性关节炎。关节肿大、变形，关节腔内含有纤维素性或化脓性凝块。

母鸡发生慢性霍乱时，炎症可波及卵巢引起卵泡坏死、变形或脱落于腹腔内。肝脏大多数仍见有小坏死点。少数病例肝脏高度肿大，表面由红褐色与灰黄色的小结节相间组成，结节大小不一，肝脏表面高低不平，质地坚硬。鸡冠、肉髯在淤血的基础上发生结缔组织水肿，继之有纤维素渗出，致使冠和肉髯显著肿大、变硬，切面见各层组织间有纤维素性渗出物所构成的凝块，时间稍长可发生坏死。

【防治】

（1）预防

①免疫预防。在禽霍乱多发地区，可用禽霍乱灭活疫苗或弱毒苗进行免疫预防，但菌苗免疫期短，免疫效果差。目前国内使用的疫苗有弱毒疫苗和灭活疫苗两种。弱毒疫苗一般在6～8周龄进行首免，10～12周龄进行再次免疫，常采用饮水途径接种。灭活疫苗一般在10～12周龄首免，肌肉注射，16～18周龄再加强免疫一次。

②管理措施。禽霍乱不能垂直传播，雏鸡在孵化场内没有感染的可能性，健康鸡的发病是在入舍后，接触病鸡或其污染物而感染的，因此，杜绝多杀性巴氏杆菌进入鸡舍，对防治鸡霍乱十分重要。鸡舍须经彻底的清洗消毒，然后才可以引进新鸡饲养。避免底细不清、来源不同、日龄不同的鸡群混合饲养，也要避免一个场内或一个舍内鸡、鸭、鹅等不同禽类混养。尽可能地防止饲料、饮水或用具被污染。谢绝参观，非鸡舍人员不得进入鸡舍或场区，饲养员进入鸡舍时应更换衣服、鞋帽，并消毒。防止其他动物如猪、犬、猫、野鸟进入鸡舍或接近鸡群。一见鸡群发生霍乱，要及时采取药物治疗和疫苗接种措施，以减少损失。

（2）治疗

多种药物对禽霍乱都有治疗作用，实际疗效在一定程度上取决于治疗是否及时和药物是否恰当，长期使用某一种药物还会产生耐药性，影响疗效，因此，应结合药敏试验来选择药物。对于产蛋鸡或即将产蛋的鸡，避免使用磺胺类药物，以免影响产蛋。一般连续用药不应少于5天，之后可改换另一种药物，以防止复发；以上疗程结束后，每隔7～10天或天气骤变时，应当用药1～2天，以防止复发。一个月后可不再定期用药，但要注意鸡群动态，发现复发苗头应及时用药。常用的药物有以下几类：

①抗生素。许多抗生素都可治疗本病，通常使用方便的抗生素，如金霉素、土霉素可按 0.1% 拌料喂给，连用 3～5 天，可收到满意的效果。群体较小时可使用青霉素、链霉素肌肉注射，每千克体重每天各 5 万国际单位，连用 3 天。庆大霉素每千克体重每天 1 万国际单位。

②复方磺胺嘧啶拌料，剂量为 0.01%～0.02%，连喂 3～5 天，疗效良好。

③环丙沙星饮水，连用 3～5 天。

5. 大肠杆菌病

大肠杆菌病是由某些致病性血清型大肠杆菌引起的禽类不同类型疾病的总称。其特征是引起鸡心包炎、肝周炎、气囊炎、腹膜炎、输卵管炎、滑膜炎、大肠杆菌性肉芽肿、败血症等病变。

【流行特点】大肠杆菌病是一种条件性疾病。在卫生条件好的鸡场，本病造成的损失很小，但在卫生条件差、通风不良、饲养管理不善的鸡场，可造成严重的经济损失。肠道中的大肠杆菌随粪便排出体外，污染周围环境、垫料、饲料、水源和空气。当鸡的抵抗力降低时，就会侵害机体引起大肠杆菌病。大肠杆菌可因粪便污染蛋壳或感染卵巢、输卵管而侵入蛋内，带菌蛋孵出的雏鸡为隐性感染，在某些应激或损伤的作用下发生显性感染，并以水平传播方式感染健康雏鸡。消化道、呼吸道是常见的感染门户，交配也可造成传染。另外，球虫病在本病的发生上具有重要意义，因为球虫破坏肠黏膜上皮细胞，使肠黏膜的完整性受到破坏，大肠杆菌极易通过受损的肠黏膜，侵入毛细血管，通过血液循环分布到全身，从而引起大肠杆菌病。本病一年四季均可发生，但以冬春寒冷和气温多变季节多发。1 月龄前后的雏鸡最易感染，成鸡有一定的抵抗力。

此外，本病常继发或并发霉形体病、禽霍乱、传染性支气管炎、新城疫等疾病，且在发病上具有相互促进作用，死亡率升高。

【症状】由于大肠杆菌侵害的部位不同，在临床上表现的症状也不一样。但共同的症状表现为精神沉郁，食欲下降，羽毛粗乱，消瘦。侵害呼吸道后会出现呼吸困难，黏膜发绀；侵害消化道后出现腹泻，排绿色或黄绿色稀便；侵害关节后表现为跗关节或趾关节肿大，在关节的附近有大小不一的水泡或脓疱，病鸡跛行；侵害眼时，眼前房积脓，有黄白色的渗出物；侵害大脑时，出现神经症状，表现为头颈震颤，呈阵发性。

【病理变化】因大肠杆菌侵害的部位不同，有不同的病理变化。

败血症：病鸡突然死亡，皮肤、肌肉淤血，血液凝固不良，呈紫黑色。肝脏肿大，呈紫红色或铜绿色，肝脏表面散布白色的小坏死灶。肠黏膜弥漫性充血、出血，整个肠管呈紫色。心脏体积增大，心肌变薄，心包膜充满大量淡黄色液体。肾脏体积肿大，呈紫红色。肺脏出血，水肿。

肝周炎：肝脏肿大，肝脏表面有一层黄白色的纤维蛋白附着，肝脏变形，质地变硬，表面有许多大小不一的坏死点。脾脏肿大，呈紫红色。严重者肝脏渗出的纤维蛋白与胸壁、心脏、胃肠道粘连。

气囊炎：若空气被大肠杆菌污染，吸入后即可发病，多侵害胸气囊，也能侵害腹气囊。表现为气囊混浊，气囊壁增厚，气囊不透明，气囊内有黏稠的黄色干酪样分泌物。

纤维素性心包炎：表现为心包膜混浊、增厚，心包膜中有脓性分泌物，心包膜及心外膜上有纤维蛋白附着，呈白色。严重者，心包膜与心外膜粘连。

大肠杆菌性肉芽肿：本病侵害雏鸡与成年鸡，以心脏、肠系膜、胰脏、肝脏、肠管多发。在这些器官肉眼可发现粟粒大的肉芽肿结节。肠系膜除散布肉芽肿结节外，还常因淋巴细胞与粒性细胞增生、浸润而呈油脂状肥厚。

眼球炎：单侧或双侧眼肿胀，有干酪样渗出物，眼结膜潮红，严重者失明。镜检见全眼都有异染性细胞和单核细胞浸润，视网膜完全破坏。

输卵管炎：产蛋鸡感染大肠杆菌时，常发生慢性输卵管炎，其特征是输卵管高度扩张，内积异形蛋样渗出物，表面不光滑，切面呈轮层状，输卵管膜充血、增厚。

卵黄性腹膜炎：由于卵巢、卵泡和输卵管感染发炎，进一步发展成为广泛的卵黄性腹膜炎，故大多数病鸡往往突然死亡。剖开腹腔，见腹腔中充满淡黄色腥臭的液体和破坏的卵黄，腹腔脏器的表面覆盖一层淡黄色、凝固的纤维素性渗出物。肠系膜发炎，使肠袢互相粘连，肠浆膜散布针头大的点状出血。卵巢中的卵泡变形，呈灰色、褐色或酱色等不正常色泽，有的卵泡皱缩。积留在腹腔中的卵泡，如果时间较长即凝固成硬块，切面呈层状。破裂的卵黄则凝结成大小不等的碎片。输卵管黏膜发炎，有针头状出血点和淡黄色纤维素性渗出物。

鸡胚与幼雏早期死亡：由于蛋壳被粪便沾染或产蛋母鸡患有大肠杆菌性卵巢炎或输卵管炎，致使鸡胚卵黄囊被感染，故鸡胚在孵出前，尤其是临出壳时即告死亡。受感染的卵黄囊内容物从黄绿色黏稠物质变为干酪样物质，或变为黄棕色水样物。也有一些鸡在出壳后直至 3 周龄这段时间陆续死亡，除卵黄变化外，多数病雏还有脐炎，生活 4 天以上的雏鸡经常伴发心包炎。被感染的鸡胚或雏鸡不死的，则常表现为卵黄不吸收与生长不良。

脑炎型：幼雏及产蛋鸡多发。脑膜充血、出血，脑实质水肿，脑膜易剥离，脑壳软化。

【防治】

①加强卫生。大肠杆菌病是条件性致病菌引起的一种疾病，该病的发生与外界各种应激因素有关。防治的原则首先应该改善饲养环境条件，加强对鸡群的饲养管理，改善鸡舍的通风条件，认真落实鸡场卫生防疫措施，控制霉形体等呼吸道疾病的发生，加强种蛋的收集、存放和孵化的卫生消毒管理，做好常见病的预防工作，减少各种应激因素，避免大肠杆菌病的发生与流行。特别是育雏期保持舍内的温度稳定，防止空气及饮水的污染，定期进行鸡舍的带鸡消毒，在育雏期适当地在饲料中添加抗生素，有利于控制本病的暴发。如在1～5日龄及4～6周龄时分别给予2个疗程的抗生素，可以起到有效的预防作用。

②免疫接种。目前已研制出针对主要致病血清型 O_2：K_1 和 O_{78}：K_{80} 等的多价灭活疫苗。但鉴于大肠杆菌血清型较多，不同血清型抗原性不同，菌株之间缺乏完全保护，因此这种疫苗有一定的局限性。在常发病的养禽场，可从本场病禽中分离致病性的大肠杆菌，选择几个有代表性的菌株（或优势菌株）制成自家多价灭活佐剂疫苗，在鸡7～15日龄、25～35日龄、120～140日龄各免疫一次，对减少本病的发生具有较好的效果。种鸡在开产前接种疫苗，在整个产蛋周期内大肠杆菌病明显减少，种蛋受精率、孵化率、健雏率有所提高，大大降低了雏鸡阶段本病的发生率。

③治疗。鸡群发生大肠杆菌病后，可以用药物进行治疗，但大肠杆菌对药物极易产生耐药性，因此，采用药物治疗时，最好进行药敏试验，且要注意交替用药。给药时间要早，早期投药可控制早期感染的病鸡，促使痊愈，同时可防止新发病例的出现。某些患病鸡，已发生各种实质性病理变化时，治疗效果极差。在

生产中可交替选用以下药物：氟甲砜霉素拌料连用5～7天；0.01%～0.02%复方磺胺嘧啶拌料，连用3～5天；环丙沙星或恩诺沙星、氧氟沙星50毫克/升饮水，连用3～5天；0.02%新霉素拌料，连用3～5天；0.1%利高霉素拌料，连用7天。

6. 葡萄球菌病

禽葡萄球菌病是主要由金黄色葡萄球菌引起的人与畜禽共患传染病。葡萄球菌在自然界中分布很广，同时该菌还是家禽孵化、饲养、加工环境中的常见细菌，鸡群发病后死亡率为2%～50%。

【流行特点】金黄色葡萄球菌对各种日龄的鸡都可感染，但发病以30～70日龄的鸡最多，成年鸡发病较少。鸡对葡萄球菌的易感性，与表皮或黏膜创伤的有无、机体抵抗力的强弱、葡萄球菌污染的程度以及鸡所处的环境有密切关系。创伤是主要的传染途径，但也可以通过消化道和呼吸道传播，雏鸡脐带感染也是常见的途径。某些疾病或人为因素是发生葡萄球菌病的诱因，如刺种鸡痘、断喙、网刺、刮伤和扭伤、啄伤、脐带感染、饲养管理不善（如拥挤、通风不良、饲料单一、缺乏维生素及矿物质等）、免疫系统由于传染性法氏囊病或马立克病等病毒感染而遭到破坏，容易发生败血性葡萄球菌病，并导致感染鸡急性死亡。

【症状】

急性败血型：病鸡精神不振或沉郁，不爱跑动，常呆立一处或蹲伏，两翅下垂，缩颈，眼半闭呈嗜睡状，羽毛蓬松零乱，无光泽，饮食欲减退或废绝。部分病鸡下痢，排出灰白色或黄绿色稀粪。较为特征的症状是胸腹部、大腿内侧皮下浮肿，滞留数量不等的血样渗出液，外观呈紫色或紫褐色，有波动感，局部羽毛脱落或用手一摸即可掉落；有的病鸡可见自然破溃，流出茶色或暗红色液体，周围羽毛被沾染；有的鸡在翅膀背侧及腹面、翅尖、尾、脸、背及腿等不同部位的皮肤出现大小不等的出血点、炎性坏死，局部干燥结痂，暗紫色，无毛。早期病例局部皮下湿润，暗紫红色，溶血，糜烂。这些症状多发生于中雏，病鸡在2～5天死亡，急性者1～2天死亡。

关节炎型：病鸡可见多个关节肿胀，特别是趾关节，呈紫红或紫黑色，有的见破溃，并结成污黑色痂。病鸡表现为跛行，不喜站立，多伏卧，一般仍有饮食欲，多因采食困难，饥饱不匀，且又被其他鸡踩踏，病鸡逐渐消瘦，最后衰弱死亡。有的鸡出现趾瘤，脚掌肿大。有的趾尖发生坏死，呈黑紫色，此型病程多为10余天。有的病鸡趾端坏疽，干脱。如果发病鸡群是因鸡痘而引起的，部分病鸡还可见到鸡痘的症状。

脐炎型：脐炎型是孵出不久的雏鸡发生葡萄球菌病的一种病型。由于某些原因，鸡胚及新出壳的雏鸡脐孔闭合不全，葡萄球菌感染后，引起脐炎。病鸡除一般病状外，可见脐部肿大，局部呈黄红、紫黑色，质地稍硬，间有分泌物，常称为“大肚脐”。脐炎病鸡在出壳后2～5天死亡。

眼病型：表现为上下眼睑肿胀，闭眼，有脓性分泌物，并见有肉芽肿；久病者，眼球下陷，有的失明，有的见眼下窦肿胀。最后病鸡饥饿，被踩踏，衰竭死亡。

【病理变化】

急性败血型：病死鸡胸部、前腹部羽毛稀少或脱毛，皮肤呈紫黑色或浅绿色浮肿，有的自然破溃则局部被沾染。整个胸、腹部皮下充血、溶血，呈弥漫性紫红色或黑红色，积有大量胶冻样粉红色、浅绿色或黄红色水肿液，水肿可延至两腿内侧、后腹部，前达嗉囊周围，但以胸部为多。同时，胸腹部甚至腿内侧见有散在出血斑点或条纹，特别是胸骨处肌肉。肝肿大，淡紫红色，有花纹或花斑样变化。病程稍长的病例，肝脏表面还可见数量不等的白色坏死点。脾肿大，紫红色，有白色坏死点。腹腔脂肪、肌胃浆膜会有时可见紫红色水肿或出血。心包积液，呈黄红色半透明。

关节炎型：关节肿大，滑膜增厚，充血或出血，关节囊内有浆液，或有黄色脓性或浆性纤维素性渗出物，病程较长的慢性病例形成干酪样坏死，甚至关节周围结缔组织增生及畸形。

脐炎型：脐部肿大，紫红或紫黑色，有暗红色或黄红色液体，时间稍久则为脓样干涸坏死物。肝脏有出血点。卵黄吸收不良，呈黄红或黑灰色。

眼病型：可见与生前相应的病变。

【防治】

①免疫预防。国内用于鸡葡萄球菌防治的疫苗有油乳剂菌苗和氢氧化铝菌苗，在20～25日龄免疫接种，保持免疫期2个月左右，对鸡葡萄球菌病可起到良好的预防效果。

②卫生管理措施。葡萄球菌是环境中广泛存在的细菌，因此可以通过加强卫生管理来有效防预本病。

采用科学的饲养管理。鸡饲料中要保证合适的营养物质，特别是要供给足够的维生素和矿物质，保持良好通风和适当干燥，避免拥挤，防止和减少外伤发生，消除鸡笼、用具上的尖锐部分，适时断喙，防止鸡群发生啄癖，适时接种鸡痘疫苗，防止鸡痘发生。

做好消毒管理工作。做好鸡舍、用具和饲养环境的清洁卫生及消毒工作，以减少或消除传染源，特别在断喙、免疫接种时要做好消毒工作，以避免葡萄球菌感染。可用0.3%过氧乙酸或0.015%百毒杀进行带鸡消毒。注意种蛋、孵化器及孵化过程和工作人员的清洁、卫生和消毒工作，防止污染葡萄球菌，引起鸡胚、雏鸡感染或发病。

加强对发病鸡群的管理。鸡场一旦发生葡萄球菌病，要立即对鸡舍、用具进行严格消毒，以杀死散布在环境中的病原体，从而达到防止疫病发展和蔓延的作用。

③治疗。常用的抗生素、磺胺类药物等都有一定治疗效果。但由于饲料中添加抗生素，使葡萄球菌耐药性菌株日趋增多，因此，用药前最好经过药敏试验。生产中可采用以下药物：0.02％新霉素拌料，连用3～5天；0.01％～0.02％复方磺胺嘧啶、阿莫西林拌料，连用3～5天。注射用药有兽用青霉素、先锋霉素等。

7. 坏死性肠炎

坏死性肠炎是由魏氏梭菌引起的一种散发性疾病，本病主要引起鸡的肠黏膜坏死。

【流行特点】本病主要自然感染2周龄至6月龄的鸡，以2～5周龄的地面平养肉鸡多发。正常鸡群的发病率为1.3％～37.3％，多为散发。

魏氏梭菌主要存在于粪便、土壤、灰尘、污染的饲料、垫草及肠内容物中。带菌鸡、病鸡及发病耐过鸡为重要传染源，被污染的饲料、垫料及器具对本病的传播起着重要的媒介作用。本病主要经消化道感染发病。

球虫感染及肠黏膜损伤是引起本病发生的一个重要因素。此外，饲料中蛋白含量增加，滥用抗生素，高纤维性垫料或环境中魏氏梭菌增多等各种内外应激因素的影响，均可促使本病的发生。

【症状】自然病例表现为精神极度委顿，食欲减退，腹泻及羽毛蓬乱。临床经过极短，严重者常见不到临床症状即已死亡，一般不表现为慢性经过。

【病理变化】病变主要在回肠和空肠部分，盲肠也有病变。

肠壁脆弱、扩张、充满气体。肠黏膜上附着疏松或致密的黄色或绿色的假膜，有时可出现肠壁出血，病变呈弥漫性。

【防治】加强饲养管理和环境卫生工作，避免饲养密度过高和垫料堆积，合理贮藏饲料，减少细菌污染，严格控制各种内外因素对机体的影响，均可有效地预防或减少本病的发生。

0.01％杆菌肽锌、0.1％土霉素及0.001％维吉尼亚霉素、恩拉霉素、阿美拉霉素等对本病具有良好的治疗和预防作用，一般通过饮水或混饲给药。

(四) 鸡毒霉形体病

鸡毒霉形体病是鸡的一种接触性、慢性呼吸道传染病。本病特征为上呼吸道及邻近窦黏膜的炎症，常蔓延至气囊、气管等部位，表现为咳嗽、流鼻液、气喘和呼吸杂音。本病发展缓慢，病程长，所以也称为慢性呼吸道病（CRD）。虽然本病死亡率不高，但因病程较长，影响肉鸡的发育，使产蛋鸡产蛋率下降，饲料报酬降低，胴体降级和治疗费用的增加，本病已成为养鸡业所付出的经济代价最高的疾病之一。

【流行特点】各种日龄鸡都能感染，以4～8周龄雏鸡最易感，其病死率和生长抑制的程度都比成年鸡显著。本病一年四季均可发生，但以寒冷季节较为严重，在大群饲养的肉鸡群中更容易流行，而成年鸡多为隐性感染和散发。本病的传染源是病鸡和隐性带菌鸡。当传染源与易感的健康鸡接触时，病原体通过飞沫或尘埃经呼吸道吸入而传染，也可通过被污染的饲料、饮水和用具经消化道传染。更值得注意的是本病可通过卵垂直传播给其下一代，通过卵垂直传播是本病难以消除的主要原因之一。此外，在公鸡的精液中和母鸡的输卵管中都发现有鸡毒霉形体存在，因此，自然交配和人工授精也有发生传染的可能。本病在鸡群中传播较慢，但在新发病的易感鸡群中传播较快。本病的发生及其严重程度与鸡群所处的环境因素密切相关。在本病发生时某些降低机体抵抗力的诱因都有促进作用，如环境卫生条件较差、密度过大、通风换气不良、有毒有害气体浓度过高、气雾免疫、滴鼻免疫、气候突变和寒冷、断喙等均可促使本病的暴发和复发，加重病情，使死亡率上升，死亡率可达30%以上。

此外，在鸡毒霉形体感染时，各种病原体的并发和继发感染可使本病病情加重，其中主要有传染性支气管炎病毒、传染性喉气管炎病毒、新城疫病毒、多种血清型的致病性大肠杆菌、鸡副嗜血杆菌、多杀性巴氏杆菌、葡萄球菌和多种霉菌等。在生产中大肠杆菌是鸡毒霉形体感染时最常并发或继发的一种病原微生物。

【症状】幼龄鸡表现为鼻孔中流出浆液性或浆液-黏液性鼻液，鼻孔周围被分泌物沾污，打喷嚏、甩鼻。当炎症蔓延至下呼吸道时，则表现咳嗽、气喘及气管内的呼吸啰音，夜间比白天听得更加清楚。病鸡生长停滞，食欲稍下降，精神不振，逐渐消瘦；继发鼻炎、鼻窦炎和结膜炎时，鼻腔及眶下窦蓄积多量渗出物而出现颜面部肿胀，结膜发炎，流泪，眼睑红肿，眼部突出似“金鱼眼”，一侧或两侧眼球受到压迫，造成萎缩和失明。成年鸡的症状与幼鸡相似，但症状较轻，死亡率很低。产蛋母鸡产蛋率下降，并维持在较低水平上，孵化率降低，弱雏增加。

【病理变化】剖检时主要肉眼病变为鼻腔、气管、支气管中含有大量黏稠的分泌物，气管黏膜增厚、变红。早期气囊轻度混浊，可见结节性病灶，随病程的延长，气囊增厚，有干酪样渗出物，气囊粘连，有时也能见到肺炎病变。鼻腔、眶下窦内蓄积多量黏液或干酪样物。结膜发炎的病例可见结膜红肿，眼球萎缩或破坏，结膜中能挤出灰黄色干酪样物质。严重病例常伴有心包膜炎、肝包膜炎、输卵管炎。

【防治】

（1）预防

①加强饲养管理。防止病健鸡接触，降低饲养密度，注意通风，保持舍内空气新鲜，防止过热、过冷，定期清粪，防止氨气、硫化氢等有毒有害气体的刺激等，均是防治本病的重要管理环节。此外，坚持全进全出制度，定期带鸡消毒，加强消毒防范，防止其他传染病的侵入而诱发或加重鸡毒霉形体感染的症状。在接种弱毒苗时，要注意鸡群健康状况，有本病感染的雏鸡群不能用气雾法，以防激发本病出现临床症状。

②防止垂直传播。一定要从确实无本病的种鸡场购买鸡苗，并在育雏的1～3天要在饲料或饮水中添加适量的抗生素，以防止垂直传播。

③免疫接种。生产中采用较多的是灭活苗，对7～15日龄雏鸡颈部皮下注射0.2毫升，成年鸡颈部皮下注射0.5毫升，平均预防效果在80％左右，注射灭活苗后15日开始产生免疫力，免疫期约5个月。

（2）治疗

某些抗菌药物对本病有一定的疗效，特别是发病初期和临床症状轻微者效果更加明显，待病程进入中后期，器质性病变比较严重时往往疗效不佳。在治疗本病时可用环丙沙星按50毫克/升饮水（效果良好），或0.01％泰乐霉素、0.01％泰妙菌素、0.04％磷酸替米考星拌料。应用抗菌药物治疗，疗程不应少于5天，同时加强饲养管理，改善卫生条件，否则难以收到良好效果。

（五）真菌性疾病

1. 禽曲霉菌病

禽曲霉菌病是鸡的一种真菌性疾病。引起禽曲霉菌病的主要病原为烟曲霉和黄曲霉。本病的特征是呼吸道发生炎症和形成小结节，故又称为霉菌性肺炎。本病主要发生于幼鸡，呈急性群发性暴发，发病率和死亡率都较高。

【流行特点】曲霉菌及它们所产生的孢子在自然界中分布广泛，鸡常通过接触发霉的饲料、垫料、用具而感染。各种日龄鸡都有易感性，以幼雏的易感性最高，常为群发性和急性经过，成年鸡仅为散发。出壳后的幼雏进入被霉菌严重污染的育雏室或装入被污染的笼具，2～3 天后即可开始发病和死亡。4～12 日龄是本病流行的高峰，以后逐渐减少，至 3～4 周龄时基本停止死亡。污染的垫草、木屑、土壤、空气、饲料是引起本病流行的传染媒介，雏鸡通过呼吸道和消化道而感染发病，也可通过外伤感染而引起全身曲霉菌病。育雏阶段的饲养管理及卫生条件不良是引起本病暴发的主要诱因。育雏室内日夜温度差大、通风换气不良、密度过大、阴暗潮湿以及营养不良等因素，都能促使本病的发生和流行。另外，在孵化过程中，孵化器污染严重时，在孵化时霉菌可穿过蛋壳而使胚胎感染，刚孵出的幼雏不久便可出现症状。

【症状】雏鸡开始减食和不食，不愿走动，翅膀下垂，羽毛松乱，嗜睡，对外界反应淡漠。接着出现呼吸困难、气喘、呼吸次数增加等症状，但与其他呼吸道疾病不同，一般不发出明显的“咯咯”声。病雏头颈伸直，张口呼吸，眼、鼻流液，渴欲增加，迅速消瘦，体温下降，后期腹泻；若食道黏膜受侵害，出现吞咽困难。病程一般在 1 周左右，发病后如不及时采取措施，死亡率可达 50％以上。

有些雏鸡可发生曲霉菌性眼炎，通常是一侧眼的瞬膜下形成一黄色干酪样小球，致使眼睑鼓起，有些鸡还可在角膜中央形成溃疡。

【病理变化】肺部病变最为常见，肺、气囊和胸腔浆膜上有针头大至米粒或绿豆粒大小的结节。结节呈灰白色、黄白色或淡黄色，圆盘状，中间稍凹陷，切开时内容物呈干酪样，有的互相融合成大的团块。肺脏上有多个结节时，可使肺组织质地坚硬，弹性消失。严重者，在病雏的肺、气囊或腹腔浆膜上有肉眼可见的成团的霉菌斑或近似于圆形的结节。病鸡的鸣管中可能有干酪样渗出物和菌丝体，有时还有黏液脓性到胶冻样渗出物。

【防治】

①加强饲养管理，搞好鸡舍卫生，注意通风，保持鸡舍干燥，经常检查垫料，不喂霉变饲料，降低饲养密度，防止过分拥挤。这些是预防曲霉菌病发生的最基本措施。

②当饲料中的水分含量超过14%或贮存环境相对湿度超过85%时，霉菌易于生长，且当温度超过25℃时霉菌生长加快。因此，在饲料中添加防霉剂是预防本病发生的一种有效措施。

③鸡舍垫料霉变，要及时发现，彻底更换，并进行鸡舍消毒，可用福尔马林熏蒸消毒或0.4%过氧乙酸或5%石炭酸喷雾后密闭数小时，通风后使用。霉变严重的饲料要废弃，并进行焚烧。

④制霉菌素对本病有一定疗效，其用量为：成鸡15～20毫克/只，雏鸡3～5毫克/只，混于饲料中连用3～5天。克霉唑对本病治疗效果也较好，其用量为每100只雏鸡用1克，混饲投药，连用3～5天；也可用1：（2000～3000）的硫酸铜溶液饮水，连用2～3天；或在1千克水中加入5～10克碘化钾，连续3～4天。

2. 念珠菌病

念珠菌病是由白色念珠菌引起的一种鸡消化道真菌病。本病的特征是在消化道黏膜上形成乳白色斑片并导致黏膜发炎。

【流行特点】白色念珠菌通常寄生于家禽的呼吸道及消化道黏膜上，健康鸡的带菌率可达61%。当机体营养不良，抵抗力降低，饲料配合不当以及持续应用抗生素、激素、免疫抑制剂，使体内常居微生物之间的颉颃作用失去平衡时，容易引起发病。本病主要见于幼龄鸡，且发病率和死亡率也高，随着感染日龄的增长，往往能耐过。

病鸡粪便含有大量病菌，这些病菌污染环境后，通过消化道而传染，黏膜的损伤有利于病原体的侵入。饲养管理不当，卫生条件不良以及其他疾病都可以促使本病的发生。本病也能通过蛋壳传染。

【症状】鸡患念珠菌病时，多无明显的特征性症状。病鸡多生长不良，发育受阻，精神沉郁，羽毛松乱，采食、饮水减少。一旦全身感染，食欲废绝后约经2天死亡。

【病理变化】病鸡死后剖检，病变多位于消化道，嗉囊的病变最为明显而常见。急性病例，眼观嗉囊黏膜增厚，黏膜表面有白色、圆形、隆起的溃疡。慢性病例，嗉囊壁增厚，黏膜面覆盖厚层皱纹状黄白色坏死物，剥去此坏死物，黏膜面光滑。此种病变，除见于嗉囊外，有时也见于口腔、下部食道和腺胃黏膜。

【防治】

（1）预防

①加强饲养管理，改善卫生条件，舍内应干燥通风，防止拥挤、潮湿。

②加强消毒。鸡舍可用2%的福尔马林或1%的氢氧化钠进行消毒。饲料中定期拌入制霉菌素或在饮水中加硫酸铜。

（2）治疗

①每千克饲料中加入 0.22 克制霉菌素，连用 5～7 天。

②每 100 只雏鸡每天用 1 克克霉唑拌料，连用 5～7 天。

③1∶2000 硫酸铜饮水，连用 5 天。

（六）寄生虫病

1. 球虫病

鸡球虫病是由一种或多种球虫寄生于鸡的肠黏膜上皮细胞而引起的一种急性流行性原虫病。目前世界公认的有 9 种，其中，致病作用最强的是寄生于盲肠的柔嫩艾美耳球虫和寄生于小肠的毒害艾美耳球虫。该病分布广泛，发生普遍，危害十分严重。15～50 日龄的鸡发病率最高，死亡率可达 80％以上；耐过的病鸡长期得不到康复，生长发育受到严重影响；成年鸡多为带虫者，但增重和产蛋能力降低。

【流行特点】各种品种和日龄的鸡都对鸡球虫具有易感性，3 月龄以内，尤其是 15～50 日龄的鸡群最易暴发鸡球虫病，且死亡率较高，成年鸡多因前期感染过球虫而获得了一定的免疫力，当再感染时不表现临床症状而成为带虫者和传染源。球虫卵囊对自然界各种不利因素的抵抗力较强，一般消毒剂不能杀死。26～32℃的潮湿环境有利于卵囊发育。

鸡感染球虫的途径和方式是啄食感染性卵囊。凡被病鸡或带虫鸡的粪便污染过的饲料、饮水、土壤或用具等，都有卵囊存在；鸟类、家畜和某些昆虫以及饲养管理人员，都可以成为球虫病机械性的传播者。

在散养的条件下，本病通常在温暖的 4～9 月流行，7～8 月最严重，但在集约化饲养条件下，本病一年四季均可发生。卫生条件恶劣、鸡舍潮湿、鸡只拥挤、饲养管理不当时最易发生。此外，某些细菌、病毒或其他寄生虫感染及饲料中缺乏维生素 A、维生素 K，也可促进本病的发生。

【症状】

急性型：多见于雏鸡。病鸡精神委顿，羽毛逆立，闭眼缩颈，呆立一旁，食欲减退，泄殖腔周围的羽毛被液状排泄物黏在一起。以后由于肠上皮细胞的大量破坏和自体中毒加剧，病鸡出现共济失调，翅膀下垂，贫血，鸡冠苍白，嗉囊内充满液体，食欲废绝，粪便呈水样、稀薄、带血。若为柔嫩艾美耳球虫病则排血便。末期病鸡昏迷或抽搐。雏鸡自感染后 4～7 天出现死亡，死亡率可达 50%～80%，甚至更高。

慢性型：多见于 4～6 月龄以上的鸡。病程较长，持续数周到数月。症状较轻，有间歇性下痢，逐渐消瘦，产蛋减少，很少死亡。

【病理变化】柔嫩艾美耳球虫引起的病变主要在盲肠，可见一侧或两侧盲肠显著肿大，可为正常的 3～5 倍；其中充满新鲜的暗红色血液或凝固的血块；盲肠黏膜斑点状或弥漫性出血，盲肠上皮变厚，有严重的糜烂甚至坏死脱落，与盲肠内容物、血凝块混合凝固，形成坚硬的“肠栓”。

毒害艾美耳球虫损害小肠中段，可见肠壁扩张、松弛、肥厚和严重的坏死；肠黏膜上有明显的灰白色斑点状坏死病灶和小出血点相间杂，或呈弥漫性出血；小肠中部向后的肠腔中充满凝固的血液，使肠管在外观上呈淡红色或褐红色。

【防治】

①加强饲养管理。保持鸡舍干燥、通风和鸡场卫生，定期清除粪便，堆积发酵以杀灭卵囊。保持饲料、饮水清洁，笼具、料槽、水槽定期消毒，一般每周一次，可用沸水、热蒸汽或 3%～5%热碱水等处理。用球杀灵和 1∶200 的农乐溶液消毒鸡舍及运

动场，均对球虫卵囊有强大杀灭作用。每千克日粮中添加0.25～0.5毫克硒可增强鸡对球虫的抵抗力。补充足够的维生素K和给予3～7倍推荐量的维生素A，可加速患鸡的康复。

②免疫预防。应用鸡胚传代致弱的虫株或早熟选育的致弱虫株给鸡免疫接种，可产生较好的预防效果。

③药物防治。目前防治鸡球虫病的药物种类繁多，但防治效果较为理想，应用较广泛的主要有以下几种。

地克珠利：按1毫克/千克浓度混饲。

氨丙啉：可混饲或饮水给药。混饲预防浓度为100～125毫克/千克，连用2～4周；治疗浓度为250毫克/千克，连用1～2周，然后减半，连用2～4周。应用本药期间，应控制每千克饲料中维生素B_1的含量，以不超过10毫克为宜，以免降低药效。用加强氨丙啉预防，按66.5～133毫克/千克浓度混饲；治疗浓度加倍。

莫能霉素：预防按80～125毫克/千克浓度混饲连用。与盐霉素合用有累加作用。

盐霉素（球虫粉、优素精）：预防按60～70毫克/千克浓度混饲连用。

马杜拉霉素（抗球王、杜球、加福）：预防按5毫克/千克浓度混饲连用。

百球清：主要作治疗用药，按25～30毫克/千克浓度饮水，连用2天。

磺胺类药物：对治疗已发生的感染优于其他药物，故常用于球虫病的治疗。常用磺胺喹恶啉，治疗按60毫克/千克浓度混饲，连用5～7天。

使用抗球虫药应注意的问题：

早诊断，早用药。鸡球虫的致病阶段主要是裂殖增殖期，当粪便中检出卵囊确诊后才用药治疗，为时已晚，所以，防治球虫病最为有效的方法是做好药物预防；平时密切注意鸡群状况，一旦发现鸡球虫病先兆或出现死鸡，应及时确诊，尽快用药，才能获得较好的防治效果。

防止球虫产生耐药性。若长时间、低浓度单一使用某种抗球虫药，球虫很容易对该药产生耐药性，甚至会对与该药结构相似或作用机理相同的同类药物或其他药物产生交叉耐药性。因此，在养鸡实践中，应在短时间内有计划地交替、轮换使用不同种类的抗球虫药或联合用药，以防止或延缓球虫耐药虫株和耐药性的产生。

合理选用药物。除考虑抗球虫药的安全性、抗球虫效果、抗虫谱、适口性和价格等因素外，应根据抗球虫药作用于球虫的发育阶段和作用峰期、鸡的用途和用药目的合理选用适宜的抗球虫药。

2. 住白细胞原虫病

鸡住白细胞原虫病是由寄生在鸡血液单核细胞和红细胞内的住白细胞原虫引起的一种寄生虫病。本病的病原是一种孢子虫，感染鸡的主要有沙氏住白虫和卡氏住白虫，但大多数是由卡氏住白虫所引起。该病以内脏器官和肌肉出血为特征，表现为鸡冠苍白，所以又叫“白冠病”。

【流行特点】本病的传染需要一种吸血昆虫（库蠓）作为传播的媒介（原虫的有性发育需在昆虫体内完成），其发病高峰都在库蠓大量出现的夏秋季节。任何日龄的鸡都能感染本病，3～6周龄雏鸡和2～4月龄青年鸡易感性最高，发病也最严重。本病的传染途径是通过库蠓叮吸鸡血液而感染的。病愈康复的鸡，体内可以长期带虫，成为鸡群中传播本病的来源。

【症状】本病发病很急，病鸡有高热，精神委靡，食欲消失，流黏性口液，严重贫血，冠和肉髯苍白，腹泻，排出青绿色稀粪。病鸡渴欲增加，呼吸急促，运动共济失调，走路不稳，两肢轻瘫，常伏于地上。雏鸡偶见有咳血症状。病程急促，经1～2天死亡，病鸡死前口流鲜血是特征症状。住白虫病的死亡率很高，达10%～80%。康复鸡的生长和产蛋量都较差。

【病理变化】剖检特征性变化是口腔内积有血凝块，鸡冠苍白，全身性广泛出血，肌肉及一些器官出现灰白色小结节。可见全身皮下出血，肌肉特别是胸肌和腿部肌肉有散在出血斑点。肺脏、肾脏和肝脏广泛出血，严重的可见两侧肺叶都充满血液。肾脏周围大片出血，甚至整个肾脏被凝血块覆盖。心脏、脾脏、胰腺及胸腺有出血点。口腔及跨裂处有血样黏液阻塞。气管、嗉囊、腺胃、肌胃以及肠黏膜有出血点，胸腔有时可见积血，脑膜及脑实质也有出血点。

此外，胸部及腿部肌肉、心肌、肝脏、脾脏及胰腺出现针尖大至小米大、界限清楚的灰白色小结节。

【防治】消灭吸血昆虫库蠓是预防本病的主要环节。库蠓多在流行季节的清晨及晚间飞入鸡舍吸血，可用0.2%除虫菊酯煤油溶液或0.005%溴氰菊酯喷洒鸡舍和周围环境，隔10～15天再用一次。可杀灭库蠓，杜绝病原侵入。可选用的预防及治疗药物有以下两种。

泰灭净：治疗以0.1克/千克浓度均匀拌入饲料中，喂服14天。

磺胺二甲氧嘧啶：预防时，以0.2%浓度拌饲料，连用3天；或以0.1%～0.2%配比均匀混入饮水中，连用3天。治疗时，先以0.5%浓度拌料喂服2～3天，再按0.3%比例拌料喂服2～3天。

3. 蛔虫病

鸡蛔虫病是由鸡蛔虫引起的一种肠道寄生虫病。鸡蛔虫的发育不需要中间宿主。成虫主要寄生在鸡的小肠内，数量多的时候在嗉囊、肌胃、盲肠和直肠中都可发现虫体。雌虫产卵，随鸡粪一起排出到外界。刚排出的虫卵是没有感染力的，当外界的温度和湿度适宜时，只需经过10～16天发育就变成感染期虫卵。鸡吃了这种感染期虫卵后就发生感染。幼虫在腺胃内蜕壳而出，到小肠里面生长发育。大约经过9天以后，幼虫又钻进肠壁黏膜中进一步发育，这时常引起肠黏膜出血。到17天或18天时，幼虫重新回到肠腔发育成熟。幼虫需要35～60天才能完全发育成熟，并随鸡粪排出蛔虫卵。

【流行特点】感染性虫卵在土壤内一般可保持6个月的生活力。在阳光直射、沸水处理和粪便堆沤等情况下，可使虫卵迅速死亡。自然感染主要是通过含感染性虫卵的饲料和饮水，或由于啄食体内带有感染性虫卵的蚯蚓而感染。雏鸡及3～4月龄鸡易遭侵害，病情也较重。不同品种的鸡抵抗力不同。饲养条件与易感性有很大关系，饲料中含动物性蛋白多、营养价值完全时，可使鸡具有较强的抵抗力。

【症状】幼鸡对蛔虫病的易感性最高，发病也最严重。幼鸡感染蛔虫以后，生长不良，精神委靡，行动迟缓，常呆立不动，翅膀下垂，羽毛松乱，鸡冠苍白，黏膜贫血；食欲减退，腹泻，逐渐消瘦；粪中常见有蛔虫排出。

4个月以上的鸡，随着日龄的增长对蛔虫病的抵抗力也逐渐增强。1年以上的成年鸡一般不会严重感染，这是一种年龄免疫现象。成年鸡一般不表现症状，个别严重感染的则出现生长不良、贫血，母鸡产蛋量降低和发生腹泻。

【病理变化】胸腺萎缩，小肠黏膜充血、出血、水肿，肠内容物中有大量蛔虫，有时胃内也见到虫体。严重时，虫体缠绕成团，阻塞肠道，形成肠梗阻。有时可发生肠穿孔，引起急性腹膜炎，腹腔积较多混浊液体，其中含有黄色絮状物，腹壁粗糙，有出血点。在十二指肠和回肠上有时可见小米粒大、黄白色结节，中间有时出现化脓。

【防治】

①严格注意鸡群卫生，防止虫卵散播和发育，以消灭蛔虫病的传染来源。运动场的场地要高燥，排水通畅，填平洼坑。鸡粪每天清扫，堆贮发酵以杀死其中虫卵。如果条件许可，运动场最好能采取轮换制，养过鸡的场地每年至少要耕翻一次。鸡舍内的垫料最多每隔 10 天更换一次，换下的垫料最好烧毁。饮水器和饲料槽每隔 10 天必须清洗。

②4 月龄以内的鸡要与成年鸡分开饲养。

③鸡群经常进行驱虫，可以减轻场地的污染程度。饮水中添加 0.025%的枸橼酸哌嗪，可以防止感染蛔虫。

④治疗蛔虫病的药物较多，可以选择使用。

越霉素 A，按 10 毫克/千克浓度拌料；潮霉素 B，按 10 毫克/千克浓度拌料。

丙硫苯咪唑：按鸡每千克体重 30 毫克的剂量，均匀拌入饲料中，一次喂服。

氟苯咪唑：按 30 毫克/千克浓度拌料。

4. 绦虫病

鸡绦虫病是由节片戴文绦虫、棘沟赖利绦虫、四角赖利绦虫和有轮赖利绦虫 4 种绦虫引起的寄生虫病。绦虫是一些白色、扁平、带状分节的蠕虫，虫体由一个头节和多个体节构成。4 种绦虫分别寄生在十二指肠、空肠和回肠，引起肠炎和消化吸收障碍，致病鸡生长发育缓慢，产蛋量下降或没有产蛋高峰期。寄生在鸡小肠的绦虫，其成虫的虫体由很多节片构成，外观呈白色竹节状。虫体末端为孕卵节片，成熟后脱落，随粪便排出体外。

【流行特点】虫卵在自然环境中被其中间宿主（蚂蚁和蝇类）吞食，在中间宿主体内经14～16天的发育后，长成幼虫。含有幼虫的中间宿主被鸡吞食，经消化后，绦虫幼虫游出，进入到鸡小肠，吸附在小肠壁上，经12～23天后发育为绦虫成虫。如此往复，传播及繁殖十分迅速。

【症状】寄生于鸡小肠内的绦虫，用头节破坏肠壁黏膜，引起出血，严重影响消化功能。病鸡表现为生长发育不良，消瘦，精神不振，食欲下降，不愿活动，呆立，羽毛蓬乱。病期长的可出现贫血，鸡冠、肉髯及眼结膜苍白或轻度黄染。出现白色水样下痢，有时混有血液，粪便中可见数量不等、白色、芝麻粒大、长方形的绦虫节片。当绦虫代谢产物引起鸡体中毒时，病鸡则精神委靡，最后常因机体衰竭或伴发其他感染而死亡。

【病理变化】绦虫以其头节牢固地吸附在鸡的小肠黏膜上，致使肠壁损伤，引起肠黏膜出血、坏死和溃疡，黏膜面上覆盖有恶臭的灰黄色黏液。严重时，虫体数量多，堵塞肠管，形成肠梗阻。病程长的，肠黏膜肥厚，呈阶梯状，肠壁弹性降低。若绦虫头节深入到肠黏膜时，则肠壁可见到凸起、芝麻粒大、灰黄色小结节，结节中央凹陷，内含有黄褐色凝乳状物。

【防治】

①防止绦虫虫卵的传播是重要环节。首先保持鸡舍的清洁卫生，及时清除粪便等污物。粪便集中在指定地点，无害化处理，以杀灭绦虫虫卵。其次要搞好鸡舍周围的环境卫生，消灭蝇类滋生地，消灭中间宿主。

②要加强饲养管理，保证饲料的卫生与清洁，定期进行预防性驱虫。

③治疗可选用氟苯咪唑，按 30 毫克/千克浓度拌料，连用 4～7 天。

5. 羽虱病

鸡羽虱是寄生在鸡皮肤羽毛中的一类体外寄生虫，以皮肤鳞屑、羽毛或羽根部血液为食。羽虱对成年鸡通常无严重致病性，但对雏鸡可造成严重危害。

【流行特点】本病一年四季均可发生。但是，在秋冬季节，鸡绒毛密，皮温高，适于羽虱的发育和繁殖，所以秋冬季多发。

【症状】羽虱在鸡皮肤上爬行，刺激皮肤引起皮肤瘙痒，可见鸡精神烦躁不安，消瘦，采食量减少。由于羽虱在羽根部吸血，患鸡啄痒也损伤皮肤，可见羽毛脱落，皮肤出血、结痂。雏鸡体质衰弱，生长发育停滞，严重的可引起死亡。蛋鸡产蛋量下降。死鸡剖检之前，用浸了热水的黑色布覆在鸡体上，时间不长即可将黑布打开，可见灰白色的羽虱伏在黑布上，十分明显。

【防治】羽虱是一种永久性寄生虫，从虫卵到成虫都生活在鸡的体表。灭虱时，要对鸡体和鸡舍同时进行药物驱虫，必须使药物直接接触到羽虱体本身，才能将其杀死。此外，药物对虱卵无杀灭效果，而虱卵的孵化期不超过 10 天，所以要在 10～15 天之内用药两次，方能彻底消灭羽虱。治疗可采用下列方法。

药浴法：可用 2.5％溴氰菊酯加 4000 倍水或用 20％杀灭菊酯（速灭菊酯、敌虫菊酯）乳油剂加 4000 倍水。药浴时，先浸透鸡体，然后再捏住鸡嘴浸一下鸡头，迅速拿出，擦干羽毛上的剩余药液，将鸡放到水泥地上晒干。

配制药液时注意，水温以 12℃为宜，水温超过 25℃将会降低药效，超过 50℃则失效。进行药浴，要选择温暖、晴朗的天气，避免羽毛不能及时晒干。

喷雾法：可用 10％二氯苯醚菊酯（除虫精）加 5000 倍水或

用灭蝇灵加4000倍水，用小喷雾器对鸡逆毛喷雾，全身都要喷到，然后喷鸡舍。

砂浴法：若有运动场的鸡场，可在运动场挖一浅池，用10份黄砂加1份硫磺拌匀，放入池中，任鸡砂浴。

鸡舍、笼具喷雾消毒：可选用上述药物，在10～15天之内喷雾消毒两次，最好在晚间进行。还可按每立方米用药0.03毫升进行熏蒸消毒，熏后鸡舍密封3小时，均可达到有效的杀虫效果。

6. 组织滴虫病

鸡组织滴虫病是由火鸡组织滴虫引起鸡的一种急性寄生原虫病。主要侵害盲肠和肝脏，因此被称为“盲肠肝炎”。病鸡头部多呈黑紫色，所以又称“黑头病”。本病的主要特征是盲肠发炎和肝脏表面产生一种具有特征性的坏死溃疡病灶。

【流行特点】本病在温暖、潮湿的夏秋季节发生较多。2周龄至4月龄的鸡最易感。成年鸡感染时，症状不明显或没有症状，而成为带虫者。本病主要是通过消化道感染的。病鸡粪便中含有大量原虫，沾染了饲料、饮水和土壤，易感鸡吃后就可发生感染。本病常发生在卫生管理条件不好的鸡场。鸡群过分拥挤，鸡舍和运动场不清洁，通风和光线不足，饲料中营养缺乏，尤其是缺乏维生素A，都是诱发和加重鸡组织滴虫病流行的重要因素。

【症状】本病的潜伏期通常为15～21天，最短的仅为3天。病鸡首先表现为精神委顿，食欲减退至废绝，羽毛粗乱，翅膀下垂，身体蜷缩，怕冷，打瞌睡，腹泻，排出淡黄色或淡绿色稀粪。在急性的严重病例，排出的粪便带血色或完全是血液。有些病鸡的面部皮肤变成紫蓝色或黑色。本病的病程通常为1～3周，3～12周龄幼鸡的死亡率高达50%。康复鸡的粪便中仍含有原虫，带虫时间可达数周甚至数月。5～6 月龄以上的成年鸡很少显现临诊症状。

【病理变化】本病的病变主要局限在盲肠和肝脏。一般仅一侧盲肠发生病变，亦有两侧盲肠同时受损害的。最急性的病鸡，仅见盲肠发生严重的出血性炎症，肠腔中含有血液。症状典型的病鸡，可见盲肠肿大，肠壁肥厚和紧实，肠腔内充满凝固的坏死组织和渗出物。剪开肠腔，内容物干燥坚实，变成一段干酪样的凝固栓子，堵塞肠腔。栓子横断切开，可见切面呈同心圆状，中心是黑红色的凝固血块，外面包裹着灰白色或淡黄色的渗出物和坏死物质。如果病鸡痊愈，这种栓子状内容物可以随粪便排出。肝脏的病变具有特征性：体积增大，表面形成圆形或不规则形、稍凹陷的溃疡病灶，溃疡呈淡黄色或淡绿色，边缘稍微隆起。溃疡病灶的大小和多少不定，有时可以相互连成大片的溃疡区。

【防治】防治方法与球虫病基本相同。平时要严格做好鸡群的消毒卫生工作。由于成年鸡体内能够带虫，因此必须和幼鸡分开饲养。幼鸡应该养在过去一两年内没有养过鸡的地方。幼鸡最好采用网养，不接触地面。异刺线虫的虫卵能够传带鸡组织滴虫，定期用药物驱除鸡群的异刺线虫，对于预防本病的发生，具有重要的作用。在经常发病的鸡场，幼鸡饲料中可适当添加药物，直到 6 周龄为止，以控制发病。发病鸡群应将病鸡隔离治疗，重病鸡淘汰，鸡舍地面用 3％苛性钠溶液消毒。

治疗鸡组织滴虫病效果比较好的药物是地美硝唑，饲料中添加 0.05％，连续喂 5 天。

7. 鸡螨

鸡螨有 20 余种，对鸡危害严重的有鸡膝螨（脱羽螨）、鸡突变膝螨（鳞足螨）、红螨（栖架螨）、鸡新勋痒螨（鸡奇棒痒螨）等。它们寄生在鸡的皮肤、羽毛根部或潜伏在腿、脚无毛的鳞片内层，这些螨虫以吸血为生，当大量繁衍滋生时，可引起鸡贫血，甚至死亡。鸡螨是土鸡放养过程常见的体表寄生虫，特别在阴暗、潮湿的饲养场较多见。

【症状】鸡螨由于寄生的部位不同，症状也不同。鸡膝螨呈圆形，约 0.3 毫米大，寄生在鸡的羽毛根部皮肤上，虫体沿羽毛侵入皮肤，引起皮肤发炎。病鸡的背部、翅膀、臀部、股部等部位剧痒、脱羽，故称脱羽痒症。病变部位发红，在皮肤上形成斑点，触摸时有脓疮感觉。鸡突变膝螨约 0.5 毫米大小，寄生在鸡腿部下方无羽毛的鳞片内层，引起皮肤发炎、剧痒，病鸡摩擦患部，致使出血、渗出，干涸后形成一层灰白色痂皮，像涂上一层石灰，故称“石灰腿”。病鸡行走困难，高抬腿，迈步慢，有时出现走飞交替进行现象，如不及时治疗可引起关节炎、趾骨坏死而畸形，影响采食和生长发育。这两种螨病早期不易被发现，当受到大量虫体侵袭时，可发现贫血、产蛋减少。幼雏失血严重，可引起死亡。

【防治】以上两种螨都是接触感染，多在平养密集条件下发生，一旦感染便迅速传播全群。因此，发现病鸡要立即隔离，对新购入的鸡应严格检查；鸡舍、运动场要保持干燥、卫生，定期消毒；鸡的密度要适中，不能太密；鸡舍通风换气要良好，鸡要多在运动场晒太阳。

可采用以下方法进行治疗。

①鸡膝螨可用溴氰菊酯治疗，方法是用其喷洒或涂刷栖架、垫草、墙壁等藏有螨的地方，污染的垫草应烧掉，一切用具喷药后再用开水烫一遍。鸡体患部用松焦油（松焦油 1 份，硫磺 1 份，软肥皂 2 份，0.5％酒精 2 份，混合后调匀）擦拭，或用 10％硫磺软膏涂擦，或用 0.1％敌百虫溶液药浴。

②鸡突变膝螨治疗前先将病鸡的腿浸入温热的肥皂水中，使

痂皮变软，除掉痂皮，然后涂一层煤油，每天 1 次，10 天左右即可痊愈；或用 20%硫磺软膏、2%石炭酸软膏涂擦；也可用 0.5%氟化钠溶液浸浴患肢，每周 1 次；还可用 1 份来苏儿、5 份酒精、5 份软肥皂溶解在一起，涂擦患部，间隔数天 1 次。大群治疗可采用药浴法，可用 0.1%敌百虫溶液或 0.03%蝇毒磷溶液等。若一次治疗效果不理想，经 7～15 天再治疗 1 次，一方面强化治疗效果，另一方面可把新孵化出的幼螨杀死。

(七) 中毒病

1. 一氧化碳中毒

一氧化碳是一种无色、无味、无刺激性的窒息性毒气。一氧化碳中毒又叫煤气中毒。育雏鸡舍的取暖煤炉安装不当、不安装烟筒、烟筒内积聚煤灰过多引起排烟不畅或室内通风不良都可以引起煤炉内产生的一氧化碳在空气中含量增高，被鸡吸入，从而引起鸡的窒息性中毒，甚至发生大批死亡。若室内空气中一氧化碳的浓度达到 0.04%～0.05%时，便会发生鸡的中毒症状。

【症状】病雏烦躁不安，流泪，呼吸困难，表现为呼吸浅表、呼吸次数增多。运动失常，随后站立不稳或呆立，嗜睡或倒于一侧，最后痉挛死亡。死亡率一般为 10%以上，严重时可达 70%。

【病理变化】血液稀薄，不凝固，呈樱桃红色；皮下及肌肉湿润，呈樱桃红色。内脏器官浆膜及胃肠黏膜也均呈樱桃红色，气管上段及喉头呈樱桃红色；肺脏体积增大，高度水肿，切面可流出大量血色、带有泡沫的液体；肠系膜血管高度淤血，呈紫红色。心肌柔软，心脏扩张，心室内积有大量不凝固的血液。

【防治】育雏室内的取暖装置，特别是使用煤炉取暖的要注意安全，煤炉必须要有烟筒等排烟设备，并要经常检查烟筒的通畅情况，随时清除聚积于其中的烟灰。夜间封火后，由于煤不能充分燃烧，可以产生大量一氧化碳，极容易发生中毒，因此夜间值班人员更要特别注意，做到尽职尽责。育雏室内最好安装排风换气扇，定时通风换气，保持室内空气清洁、新鲜。

发现雏鸡有中毒症状时，要立即打开门窗，排出一氧化碳，换过新鲜空气。有条件的，最好将雏鸡移到温暖、空气新鲜的地方。一般轻微中毒的，可以很快恢复。还可以在饮水中加入食醋，让其自由饮水，可缓解中毒症状。

2. 喹乙醇中毒

喹乙醇对鸡有促进生长及抗菌作用。但是喹乙醇的使用安全范围较小，鸡对它又比较敏感，因此由于喹乙醇用量过大或使用时间过长经常引起鸡中毒。

【症状】病鸡初期精神沉郁，食欲降低或停止，羽毛蓬乱，畏寒，扎堆，排黄褐色稀便。随后可见鸡冠和肉髯变成青紫色或紫黑色，呼吸困难，严重时张口呼吸，从口内流出大量黏液。母鸡产蛋量急剧下降。临死前出现抽搐，角弓反张，头向后背。

喹乙醇中毒症状多在投药后3～5天开始出现。若用药量过大，也有几小时后便出现死亡的，死亡可持续20～30天之久。耐过而未死亡的，多因残弱而失去饲养价值。雏鸡比成年鸡易感，公鸡比母鸡伤亡大。

【病理变化】血液呈暗红或黑红色，不凝固或凝固不全。口腔和腭裂内蓄积较多黏液；心肌柔软，灰红色，心外膜及心冠部有针尖大出血点，心腔积有多量血液；肺脏肿胀，色暗红，从切面流出大量暗红色血液；肝脏初期肿大，暗紫色或灰黄与紫红色相间，以后颜色变淡呈淡黄色，质脆，有时有出血斑；胆囊膨大，充满黑绿色胆汁；肾脏肿大，有出血点；腺胃及肌胃角质膜下出血、溃疡，肠黏膜出血，有时溃疡。

【诊断】了解喹乙醇使用剂量及使用时间。根据使用喹乙醇的情况、发病情况、临床症状及剖检变化，可以做出诊断。

【防治】喹乙醇的安全范围小，鸡对其又很敏感，因此使用喹乙醇要慎重。必须使用时，务必仔细计算药量。作为添加剂时，每吨饲料添加30克。治疗用药时，每千克体重用5～10毫克或每吨饲料中加100克，连续使用3天。注意药物必须混合均匀，作为治疗用时，不可超过3天。

发生中毒后，立即停喂。用5%葡萄糖或白糖及维生素C加入水中，让鸡自由饮用。饲料中添加胆碱和肝泰乐（每千克体重50～100毫克）连用5～7天，以保护肝、肾功能，促进解毒作用。

3. 磺胺类药物中毒

磺胺类药物是防治鸡的某些传染病和寄生虫病的常用药物。然而如果使用不适当，如使用剂量过大、使用时间过长，能够产生毒性。

目前已知对鸡有毒性的磺胺类药物有磺胺二甲嘧啶、磺胺喹恶啉、磺胺脒及周效磺胺等，以磺胺二甲嘧啶的毒性最大。雏鸡比成年鸡敏感。

【症状】病鸡精神沉郁，食欲不振或消失，渴欲增加，生长停止，鸡冠和肉髯苍白、贫血，眼结膜苍白或黄染，排酱油状或灰白色稀粪。蛋鸡产蛋量明显下降，软壳蛋及薄壳蛋数量增多。

【病理变化】血液稀薄如水，凝固不全或不凝固。典型变化是全身广泛出血，可见皮下和肌肉出血，特别是胸肌和腿部肌肉最明显，呈片状或条状出血斑。肌肉颜色淡黄，失去光泽。心外膜和心肌有条状或线状出血点。骨髓呈淡红或黄色。肝脏肿大，色黄，常见出血及灰白色小坏死点。脾脏、肾脏及肺脏也见有出血点，有时可见灰白色小坏死点。腺胃黏膜、浆膜、肌胃角质膜下及肠道黏膜和浆膜有出血点和出血斑。

【防治】用磺胺类药物应根据说明书或遵照兽医嘱咐使用，使用剂量应准确计算，不可超过规定使用剂量，使用时间不得超过5～7天。疗效不明显时，不可连用，应该更换其他抗菌药物。使用磺胺类药物必须搅拌均匀，以防个别鸡只采食过量。同时在用药期间应供应充足饮水，并要加强饲养管理，以提高药效。

雏鸡和产蛋鸡不宜使用磺胺类药物。鸡有肝脏及肾脏功能障碍或有全身性酸中毒病症的，均应慎重使用或禁用。

一旦发生磺胺类药物中毒要立即停药，并供给充足饮水。将3%～5%葡萄糖及1%～2%小苏打（碳酸氢钠）加入水中，供鸡只自由饮用，连用5～7天。出血严重的病鸡可使用维生素K_3，每千克饲料中加5毫克，拌匀喂饲，连用5～7天。还可以将饲料中复合维生素B的用量增大1倍。个别中毒严重的鸡可用维生素B_{12}肌肉注射，每只鸡1～2微克；或用叶酸肌肉注射，每只鸡50～100微克。

4. 有机磷农药中毒

有机磷农药是农业上广泛应用的一大类杀虫药，对人和畜禽类都有毒害作用，鸡对这类药物十分敏感。由于有机磷农药使用或管理不当引起鸡中毒的事件，常有发生。如给鸡饲喂有机磷农药残留量大或刚施过农药便收获的谷物饲料或蔬菜等，鸡使用体外驱虫药时选择不当或用药量过大或是使用方法不适当，都可以发生中毒。放养鸡在刚喷洒过有机磷农药的农田、果园或林地放牧，采食了被污染了的饲料、饮水或害虫、青草等，也可引起中毒。

【症状】最急性中毒时，没有任何症状而突然死亡。急性中毒表现为运动失调，盲目奔走或乱飞，瞳孔缩小，流泪，鼻腔流出大量黏液，口腔也流出大量黏稠液体。食欲下降或消失，鸡冠及肉髯呈暗紫色，头颈向腹部弯曲，呼吸困难，频频排粪。后期体温下降，肌肉痉挛、抽搐，最后卧地不起，昏迷，死于衰竭或窒息。

【病理变化】尸僵显著，瞳孔明显缩小，皮下肌肉点状出血。嗉囊、腺胃、肌胃及肠道黏膜充血、肿胀，有散在出血点，有时可见糜烂。内容物有某些农药的特殊气味，如马拉硫磷、甲基对硫磷、内吸磷有大蒜臭味；对硫磷有韭菜臭味；而八甲磷则有胡椒粉味。此外，还可见到喉头、气管内充满泡沫样液体，肺淤血、水肿、出血，肺表面可见粉白色突出于表面的灶状气肿。心肌和心冠脂肪出血，右心扩张，心腔内有没凝固的血液。肝脏及肾脏肿胀，呈土黄色。脑充血、水肿。腹腔积有大量液体。

【防治】加强农药管理，注意农药的使用方法、使用剂量及安全要求。用有机磷农药杀灭鸡舍或鸡体表的外寄生虫时，要严格控制药物使用剂量和浓度。保护鸡场周围环境，严防饲料和饮水受农药污染。不要在刚喷洒过农药的果园、农田放养土鸡。

最急性中毒，多来不及治疗即大批死亡。切开嗉囊排出含毒饲料，或灌服1%硫酸铜或0.1%高锰酸钾，有助于将有毒物质分解，缓解中毒症状。

对个别中毒严重的鸡只可注射特效解毒药。解磷定：每千克体重0.2～0.5毫克，一次肌肉注射；25%氯磷定：每只鸡1～2毫升，肌肉注射；双复磷：每千克体重40～60毫克，一次皮下或肌肉注射；1%硫酸阿托品：每只鸡0.1～0.2毫升，一次肌肉注射。

5. 黄曲霉毒素中毒

由黄曲霉菌的有毒产物——黄曲霉毒素引起的鸡只中毒，主要侵害肝脏，引起急性死亡。转为慢性时，可引起癌变。本病主要发生在温暖潮湿的夏秋季节，谷物类如玉米、花生、稻米、小麦以及棉籽饼、豆饼、花生饼、米糠或是配合饲料被黄曲霉菌污染，引起发霉变质，便可产生大量的黄曲霉毒素。鸡采食了这些发霉谷物或饲料，便可引起中毒。以2～6周龄的雏鸡最敏感，中毒后，可发生大批死亡。

【症状】雏鸡表现为食欲不振，生长不良，衰弱，贫血，鸡冠苍白，排绿色或带血色稀粪，死前可出现惊厥和角弓反张现象。成年鸡的症状不明显，多呈慢性经过，主要表现为：食欲减少，消瘦；开产期推迟或产蛋量下降，蛋变小，有时颈部肌肉痉挛，头向后背。若不及时更换饲料，持续时间过长，可陆续发生死亡。

【病理变化】全身性轻度水肿，皮下可呈胶冻状，心包和腹腔积液。皮下和肌肉，特别是胸部和腿部肌肉出血。特征性病变是肝脏肿大，颜色变淡，呈黄白色，有出血斑点，有时可见坏死灶。胆囊胀大，充满胆汁。慢性过程的病鸡表现为肝脏体积缩小，颜色变黄，质地变硬，表面呈高低不平的颗粒状，有灰白色小米粒大或更大的坏死灶。可见肾脏肿大、苍白，有时见出血点。胰腺也可见出血点。法氏囊体积缩小，壁变薄。脾脏体积缩小，呈灰棕色。

【防治】根本措施是不喂霉变的饲料。黄曲霉毒素耐受性很强，280℃仍不被破坏，又不溶于水，所以加热、日晒、水洗都不能除去饲料中的黄曲霉毒素。因此要加强饲料保管，保证饲料质量，防止霉变。从饲料生产到使用的各个环节都要注意这一点。首先，作为饲料的原料或配料的谷物，如玉米、小麦等，收获之后应该尽快进行干燥处理，防止发霉。其次，饲料加工车间、库房要经常保持清洁、干燥，避免饲料发霉。在饲养过程中，要坚持不喂发霉饲料。料槽及饮水器要经常擦洗、消毒，做到少给勤添，防止料槽中饲料堆积过多，受潮结块。要做到料槽、水槽每天清理，不留剩料及剩水。

目前尚无有效的解毒药物进行治疗，只能采取综合措施，缓解中毒症状。发现黄曲霉毒素中毒后，应该立即更换饲料。尽早服用轻泻药物，促进肠道毒素排出。可选用硫酸镁，按每只鸡每天1～5克剂量溶于水中，让鸡自由饮用，连饮2～3天；硫酸钠（芒硝），按每只鸡每天1～5克剂量溶于水中，让鸡自由饮用，连饮2～3天。饲料中增加复合维生素。病鸡舍及存放霉变饲料的库房，要及时消毒，可用甲醛熏蒸或用过氧乙酸喷雾消毒，以杀灭霉菌及其孢子，控制污染。

（八）其他疾病

1. 痛风

痛风是长时间持续的高尿酸血症致使尿酸盐在关节、软骨、内脏的表面及皮下结缔组织沉积而表现的一系列病理变化和临床症状。鸡痛风主要是由于日粮中含氮化合物（包括蛋白氮、非蛋白氮等）含量过高和维生素A缺乏，造成机体代谢产生大量的尿酸盐或因肾脏尿酸盐排泄障碍所致。此外，本病还与维生素D缺乏、饲料高钙低磷、缺水、鸡只密度过大、磺胺类药物用量过大及使用时间过长等因素有关。

某些传染性疾病如传染性支气管炎、传染性法氏囊病以及一些霉菌毒素的中毒都可引起肾功能损害，造成尿酸排泄障碍，由此出现类似痛风的病理变化不应作为独立的疾病，应进行综合考虑。

【症状】鸡痛风的临床经过一般比较缓慢，很少出现急性死亡，且多发于母鸡。由于尿酸盐在体内沉积的部位不同，一般分为关节型和内脏型两种。

病鸡主要表现为精神欠佳，食欲不振，羽毛松乱或脱毛，冠苍白、贫血，腿、脚皮肤脱水发干。关节型痛风还表现为脚趾、腿、翅关节肿大，行动迟缓，跛行，站立困难，关节疼痛。内脏型痛风还表现为极度消瘦，喜卧，排白色石灰乳样稀便，泄殖腔松弛，周围羽毛沾污，最后脱水死亡。

【病理变化】内脏型痛风可见气管黏膜、皮下、心包、肝脏、肠系膜、肾脏等表面散布一层白色石灰粉样物质。肝脏质脆、切面有白色小颗粒状物，肾脏显著肿大，输尿管粗肿，内蓄积大量尿酸盐，使肾脏表面呈花斑状。重症者出现一侧肾萎缩，肾脏、输尿管中形成大结石，极为坚硬。关节型痛风可见关节肿胀，关节腔内有白色石灰乳样尿酸盐。

【防治】严格按照营养标准进行日粮配合，适当提高多种维生素用量，尤其是维生素 A 的用量，加强饲养管理。

目前对痛风的治疗尚无有效方法，但可以通过及时解除各种可能诱发本病的因素，以及采取对症治疗，降低发病率和死亡率。如适当降低饲料蛋白质含量；提高维生素 A 和复合多种维生素的添加量；调节饲料中钙、磷比例；添加青绿饲料；供给充足的饮水等方法。避免滥用药物，在鸡群发病时应按量、按疗程科学投药，尤其对磺胺类药物使用更要慎重。同时，鸡群可用肾肿解毒药等类似药物加入饮水，连用 3～5 天，这样可有效地提高肾脏尿酸盐的排泄能力，降低死亡率。

2. 啄癖症

啄癖是鸡的一种异常嗜好。患啄癖症的鸡互相啄食羽毛、肌肉、蛋品或其他异物，并常常因此而降低肉鸡的胴体级别，提高鸡群的死亡率，降低饲料报酬率，在经济上造成很大的损失。啄癖在养鸡业中是一种普遍存在，且十分复杂、不容易对付的疾病。

【病因】引起鸡啄癖的因素主要有以下几个方面：

①营养缺乏。日粮中缺乏蛋白质或某些必需氨基酸（尤其是含硫氨基酸）；钙、磷含量不足或比例失调；缺少食盐或其他矿物质微量元素；缺少某些维生素；饮水供应不足；饲料中大容积

性饲料不足，鸡无饱腹感。

②环境条件差。鸡舍内温度、湿度不适宜，地面潮湿污秽，通风不良，光线过强，鸡群密集，拥挤；经常停电或突然受到噪声干扰；鸡舍内产蛋箱不足或放置不合理。

③管理不当。不同品种、不同日龄、不同羽色、强弱悬殊的鸡混群饲养；饲养人员不固定，动作粗暴；饲料突然变换；饲喂不定时、不定量；鸡群缺乏运动；捡蛋不勤，特别是没有及时清除破蛋或没把死鸡及时捡出。

④疾病。鸡有体外寄生虫病，如鸡虱、螨等；体表皮肤创伤、出血、炎症；母鸡脱肛。

【症状】根据啄癖嗜好的不同，一般可将其分为如下六类：

①啄肛癖。幼鸡、成年鸡均可发生，而育雏期的幼鸡多发。表现为一群鸡追啄某一只鸡的肛门，造成其肛门受伤出血，严重者直肠或全部肠子脱出被食光。

②啄肉癖：鸡啄食体表有创伤或体弱有病或已死亡的鸡的肌肉。此类型的啄癖在各日龄的鸡中均可见到。

③啄毛癖。鸡互相啄食彼此身上羽毛，以致鸡群羽毛生长不整齐，情况严重时，有的鸡背上羽毛全被啄光。此类型在换羽期或长期缺乏某些营养成分时较多见。

④啄趾癖。鸡之间互相啄咬彼此的脚趾，以致脚趾出血，跛行，严重者脚趾被啄断。雏鸡较常发生此类型的啄癖。

⑤啄蛋癖。多发生于产蛋鸡产蛋盛期，常由软壳蛋被踩破或偶尔在鸡舍内打破一个蛋开始，表现为鸡群中某一只鸡刚产下蛋，就相互争啄鸡蛋。

⑥异食癖。表现为群鸡争食某些不能吃的东西，如砖石、稻草、羽毛、破布、粪便等。

【防治】

①合理配合日粮。饲料要多样化，搭配要合理。最好根据鸡的日龄和生产特点，给予全价日粮，保证蛋白质和必需氨基酸（尤其是蛋氨酸和色氨酸）、微量元素等矿物质以及维生素的供给。在母鸡产蛋高峰期，要注意钙、磷饲料的补充，使日粮中钙的含量达3.25％～3.75％，钙、磷比例为6.5∶1。

②改善饲养管理条件。鸡舍内要保持温度、湿度适宜，通风良好，光线不能太强。做好清洁卫生工作，保持地面干燥。环境要稳定，尽量减少噪声干扰，防止鸡群受惊。饲养密度不能过大，不同品种、不同日龄、不同羽色、强弱悬殊的鸡要分群饲养。更换饲料要逐步进行，最好有1周的过渡时间。喂食要定时、定量，并供给充分饮水。母鸡舍内要有足够的产蛋箱，放置要合理，定时捡蛋，及时将死鸡捡出。

③适当运动。在鸡舍运动场内设置砂浴池，或悬挂青饲料，借以增加鸡群的活动时间，减少相互啄食的机会。

④食盐疗法。在饲料中添加1.5％～2.0％的食盐，连续喂3～5天，啄癖可逐渐减轻乃至消失。但不能长时期饲喂，以防食盐中毒。

⑤生石膏疗法。啄羽癖多由于饲料中硫酸钙不足所致，可在饲料中加入生石膏粉，每只鸡每天1～3克，疗效很好。

⑥遮暗法。患有严重啄病的鸡群，其鸡舍内光线要遮暗，使鸡能看到食物和饮水即可，必要时可采用红光灯照明。

⑦断喙。对雏鸡或成年鸡进行断喙，可有效地防止啄癖症的发生。

⑧病鸡处理。被啄伤的鸡要立即挑出，伤处用2％龙胆紫溶液涂擦后隔离饲养。对患有啄癖症的鸡要单独饲养，严重者应予淘汰，以免扩大危害。由寄生虫病、外伤、脱肛引起的相互啄咬，应将病鸡隔离治疗。

六、土鸡品质鉴定和屠宰加工

（一）活鸡上市标准

我国土鸡品种多样，在生产性能、肉质、风味等方面也互有差异。目前我国土鸡尚无统一的国家级标准，各地可根据市场需求，制定自己的企业标准进行试用，制定内容主要包括：土鸡的外貌特征（羽毛、皮肤、喙、胫、耳叶、冠、肉髯、虹膜等颜色，冠形，体形）；上市日龄，适宜体重。以下是河田鸡商品鸡活鸡上市标准，可作为参考。

1. 外貌特征

（1）阉公鸡

主翼羽边缘呈浅黄色，尾羽和镰羽为黑色，但镰羽很短，头部及颈羽为金黄色，背、胸、腹部为淡黄色。全身羽毛亮洁，体态丰满。鸡冠和肉髯已萎缩，冠形呈直立单冠后分叉。喙黄色，有的基部呈棕褐色。胫长、黄色、无毛，四趾。经阉割育肥后，其屠体丰满，皮下及肌间沉积有适量脂肪，肉鲜、味美、质优。

（2）母鸡

冠红、脸红，冠形呈直立单冠后分叉。体态清秀，性情温顺，羽毛亮洁，丰满度良好，未开产。主翼羽边缘呈浅黄色，尾羽和镰羽为黑色，但镰羽很短，头部及颈羽为金黄色，背、胸、腹部为淡黄色。喙黄色，有的基部呈棕褐色。胫长、黄色、无毛，四趾。其屠体丰满，皮下及肌间沉积有适量脂肪，肉鲜、味美、质优。

（3）公鸡

主翼羽毛沿呈浅黄色，尾羽和镰羽呈黑色，但镰羽不发达，头部及颈羽为棕黄色，背、胸、腹部为淡黄色，冠形呈直立单冠后分叉，具有冠红、脸红，活泼好动，羽毛亮洁，丰满度良好等特点。

2. 上市日龄与体重

阉公鸡上市日龄140～210天，体重为1.8～2.4千克。

母鸡上市日龄105～140天，体重为1.05～1.3千克。

公鸡上市日龄105～140天，体重大于1.25千克。

（二）活鸡外观检验

土鸡多以活鸡销售。上市销售的商品鸡必须健康无病，符合国家颁发的《家畜家禽防疫条例》和肉食品卫生要求。因此，土鸡饲养者，经销活鸡的单位、个人都应正确掌握活鸡的检验方法、质量标准及其分级。

对成群的活鸡一般是先大群观察，再逐只检查。检查通常采用看、触、听、嗅4种方法。

1. 大群观察

首先全面观察鸡群精神状况，看有无缩颈、垂翅、羽毛蓬乱和孤立闭目等情况，冠的色泽有无发紫发黑。其次，看呼吸是否困难或急促，有无“咕咕”或“嘎嘎”声。

2. 逐只检查

观察头部：左手抓住鸡的两翅，先看头部、口腔、鼻孔；再仔细观察冠、眼和口腔、鼻孔内有无异常。

触摸嗉囊：先用右手触摸，看有无积食，挤压有无气体或积水；然后倒提，看有无液体流出。

观察、触摸胸腹部：拨开胸腹部绒毛，看皮肤有无创伤、发红、硬块；然后摸胸骨两边，看胸肌的肥瘦程度。

检查肛门：看肛门周围绒毛有无绿白色稀粪或石灰样粪便附

着；拨开肛门绒毛，看肛门张缩情况和色泽。

听呼吸：将鸡提到耳边，轻拍鸡体，听有无异常的呼吸音。

一般健康鸡在外貌特征上表现为冠和肉髯色泽鲜红，质地柔软，眼睛圆大有神，眼球灵活、明亮，喙紧闭、干燥，嗉囊无气体，肛门附近绒毛洁净、干燥，肛门湿润微红，胸肌丰满、有弹性，活泼好动，脚健有力，体温正常，勤于觅食，粪便软硬适度。

（三）土鸡屠体外观质量检验

经屠宰加工后的屠体（光鸡），在上市销售或加工前必须先经过质量检验，通常屠体的检验采用下列 3 种方法同时结合进行。

1. 肉眼观察

观察肉体和内脏有无异常，如皮肤、肌肉、脂肪、骨骼和各种器官的色泽、形状、光洁程度等。

2. 手指触摸

用手指触摸肌肉与内脏的硬度、弹性及有无结节等情况。

3. 嗅觉检验

用嗅觉嗅检肉质有无酸霉腐败变味或药物气味。嗅检时，可取小块鸡肉，放在装有清水的烧杯或试管中加盖煮沸后揭开，嗅其气味，判别肉质有无腐败变味；也可用削尖的木针从翅下插入胸膛，而后拔出嗅味，进行判别。

检验的程序和内容：根据国家卫生标准，首先应检查鸡体新鲜度；其次观察鸡体表面的完整度和清洁度，判定屠宰加工过程是否符合卫生操作要求；最后检查体腔内有无肿瘤、寄生虫、传染病病变存在，并观察脏器和胸膛腹壁的色泽有无异常。

（四）影响土鸡肉品质的因素

1. 品种对鸡肉风味的影响

土鸡品种对肉品质的影响主要用肉色、嫩度、pH值、系水力、脂肪沉积和肌间脂肪分布以及氨基酸含量等参数来衡量。多数研究认为，不同生长速度的鸡种间存在风味差异。一般来说，小型鸡种的肉品质优于大型鸡种，地方土鸡鸡种优于外来品种。

2. 日龄对鸡肉风味的影响

随着土鸡日龄的增加，鸡体不断发生生理学变化，这些变化会影响肉中滋味和风味前体物。日龄对风味的影响可能是通过改变体内代谢，特别是氨基酸、蛋白质和核苷酸的代谢和肌肉pH值来实现的。土鸡一般以120～150日龄上市，风味较佳。

3. 性别对鸡肉风味的影响

性别对风味的影响显然与性激素产生、代谢的遗传控制及其对脂类组成、代谢的影响有关。天然或人工合成的类固醇激素都会影响脂类风味前体物。因此鸡只性别对风味影响程度的大小与日龄有关，公鸡在达到性成熟时有较浓的风味。在14周龄以前，公、母鸡风味无明显差异，但14周后，公鸡腿肉和胸肉有更浓的风味。

4. 常规饲料养分对鸡肉风味的影响

鸡肉中的蛋白质与肉风味形成有很重要的关系，如甘氨酸会产生牛肉汤味，谷氨酸会产生鸡肉汤或烤火腿味。不过，由于日粮常规养分一般不影响鸡胴体的组成，所以日粮常规养分在相当大的范围内变化而不明显影响肉风味。但饲料中的特殊组分可以改变鸡体的风味物质含量，尤其是某些风味物质可从肠道转移至肌肉组织。例如含有不饱和油脂特别是鱼油的饲料会引起鸡肉产生鱼腥腐败味。

5. 微量添加成分对鸡肉风味的影响

影响鸡肉风味的因素很多，仅化合物方面就不下 40 种。添加维生素（维生素 E、维生素 D 等）、矿物质（钙、镁、硒等）及其他一些饲料添加剂能够缓解动物应激，增强机体抗氧化能力，减少脂质氧化，改善肉的嫩度，减少滴水损失等。高水平维生素 E（200 毫克/千克）可明显抑制鸡肉在冷冻、解冻然后在4℃储存过程中产生的异味。日粮添加稀土可显著提高肉仔鸡鸡肉香味和肉汤滋味。β-胡萝卜素可防止脂质过氧化，保持肉的风味，延长贮存时间。

在饲料中添加 3%的绿茶粉或废茶粉，可显著增加鸡脯肉中维生素 A 和维生素 E 的含量，同时还可以增加鸡肉的鲜美味。中草药添加剂可提高肉汤鲜、甜、香味，去除腥味。在屠宰前用添加了调味香料如丁香、胡椒、生姜、甜辣椒等的饲料喂鸡，能明显改善鸡肉的肉质，使肉增香，味道更好。调味香料还具有防腐和药物功效，可延长鸡肉保鲜期，以保持新鲜。

6. 饲料原料对鸡肉风味的影响

饲料对肠道菌群的改善可影响鸡肉风味。用全麦和新鲜绿色蔬菜喂养的鸡，其肠道中大肠杆菌和粪链球菌以及其他菌类的菌数较高，如此得到的鸡肉风味较正常喂养的鸡更丰富，肉味更浓，更具烧烤味，但有时也有腐败味。饲喂玉米的鸡比饲喂小麦、大麦和燕麦的鸡肉风味更强。饲料中添加菜籽饼或高粱也会引起鸡肉异味。在鸡配合饲料中加入大蒜素可使鸡肉香味变得更加浓郁。出栏前 4 周的鸡饲料中加 3%的桑叶粉，能大幅度提高肉鸡的品质，使肉质香味更浓，口感特别好，并可降低鸡舍臭气。果园土壤表层腐叶也可改善鸡肉风味。一般来说，笼养鸡的肉质不如放养鸡。

7. 生产制度和环境

饲养管理方法、环境条件、饲养密度等因素对包括风味在内的肉品质均有影响。在标准条件下，慢生型鸡种，低脂肪、高禾谷日粮、低饲养密度，饲养时间至少 81 天，严格加工和质量控制环境下生产的鸡肉有更浓的风味，更易为消费者接受；昼夜温度在 21～30℃循环变化下饲养的肉鸡胸肉比一直在 21℃饲养的鸡有更高的风味评分，但腿肉风味无显著差异。

8. 屠宰与宰后措施

宰前应激及宰后刺激（如电激）可通过影响风味物质生成过程（如糖酵解）而影响肉风味。宰后保留内脏的鸡风味更易劣化，这可能是肠道微生物活动产生的异味物质被骨骼肌俘获的结果。肠道中的硫化氢可通过肠壁扩散而到达肌肉组织，并可与肌红蛋白反应使鸡胴体发绿。在运输和加工过程，应避免皮肤擦伤、撕裂、脱落、关节脱位、骨骼损伤以及屠体充血水肿等；加工时的开膛、冷却、冷冻、冷藏、包装、加热、脱水和辐射等处理不当也会影响肉的风味。

9. 烹调方式

烹调方式和最终内部温度对挥发性、非挥发性化合物的形成和稳定性有显著影响，从而影响肉的风味。

（五）无公害鸡肉加工标准

农业部在 2001 年 9 月发布了《无公害食品　鸡肉》（NY 5034-2001）标准，规定了无公害鸡肉产品的定义、技术要求、检验方法和标志、包装、贮存要求。该标准适用于无公害鲜、冻西装鸡或分割鸡肉产品质量评定。

1. 原料

屠宰前的活鸡应来自非疫区，其饲养过程符合《无公害食品肉鸡饲养兽药使用准则》、《肉鸡饲养兽医防疫准则》,《无公害食品　肉鸡饲养饲料使用准则》、《无公害食品　肉鸡饲养管理准则》的要求，并经检疫、检验合格。

2. 屠宰加工

活鸡屠宰应按《畜禽屠宰卫生检疫规范》要求，经检疫、检验合格后，再进行加工。加工过程中不使用任何化学合成的防腐剂、添加剂及人工色素。

分割：分割鸡体时应先预冷后分割；从活鸡放血至加工或分割产品到包装入冷库时间不得超过 2 小时。

整修：分割后的鸡体各部位应修剪外伤、血点、血污、羽毛根等。

3. 冷加工

需冷冻的产品，应在－35℃以下环境中，其中心温度应在 12 小时内达到－15℃以下。

4. 感官指标

感官指标按鲜冻禽产品规定执行。分割鲜鸡肉感官指标、分割冻鸡肉感官指标分别见表 6-1 和表 6-2。

表 6-1　分割鲜鸡肉感官指标

类别	一级鲜度	二级鲜度
色泽	皮肤有光泽，因品种不同呈乳白、淡红、灰白或灰黑等色，肌肉切面发光	皮肤光泽转暗，肌肉切面有光泽
组织状态	指压后的凹陷立即恢复，且不能完全复原	鸡肉发软，指压后的凹陷不能恢复
气味	具有鲜鸡肉正常的气味	无其他异味，唯腹腔内有轻度不快味
煮沸后肉汤	透明澄清，脂肪团聚于表面，具有特有香味	稍有浑浊，脂肪呈小滴浮于表面，香味差或无鲜味

表 6-2 分割冻鸡肉感官指标

类别	新鲜肉	次鲜肉
色泽	皮肤有光泽，因品种不同呈乳白、淡红、灰白或灰黑等色，肌肉切面发光	皮肤光泽转暗，肌肉切面有光泽
组织状态	指压后的凹陷立即恢复	指压后的凹陷恢复慢，且不能完全复原
气味	具有鲜鸡肉正常的气味	无其他异味，唯腹腔内有轻度不快味
煮沸后肉汤	透明澄清，脂肪团聚于表面，具有特有香味	稍有浑浊，脂肪呈小滴浮于表面，香味差或无鲜味

5. 理化指标和微生物指标

表 6-3 鸡肉理化指标

项目	指标
解冻失水率（%）	≤8
挥发性盐基氮（毫克/千克）	≤150
汞（毫克/千克）	≤0.05
铅（毫克/千克）	≤0.5
砷（毫克/千克）	≤0.5
六六六（毫克/千克）	≤0.1
滴滴涕（毫克/千克）	≤0.1
金霉素（毫克/千克）	≤1
土霉素（毫克/千克）	≤0.1
磺胺类（以磺胺类总量计，毫克/千克）	≤0.1
呋喃唑酮（毫克/千克）	≤0.1
氯羟吡啶（毫克/千克）	≤0.01

表 6-4　鸡肉微生物指标

项目	指标
菌落总数（cfu /克）	≤500000
大肠杆菌群（MPN/千克）	≤5000000
沙门菌	不得检出

6. 标志、包装、贮存

标志：内包装（销售包装）标志应符合《食品标签通用标准》的规定，外包装标志应符合《包装贮运图示标志》和《运输包装收发货标志》的规定。

包装：包装材料应全新、清洁、无毒无害。

贮存：分割冻鸡产品应贮存在－18℃以下的冷冻库。库温一昼夜升温不得超过－15℃。

附录

（一）种鸡免疫程序

日龄	疫苗、药物种类	剂量	用法
1	马立克病 CVI_{988}	1羽份	颈部皮下注射
7	新城疫克隆-30-传染性支气管炎 H_{120} 二联苗	1羽份	滴鼻、滴眼
10	鸡痘	1羽份	翅膀内侧无血管处刺种
10～15	禽流感灭活苗	1羽份	肌注
7～14	法氏囊弱毒苗	1羽份	滴嘴
21～28	法氏囊弱毒苗	1羽份	饮水
22～24	新城疫 B_1-传染性支气管炎 H_{52} 二联苗	1羽份	饮水
25～30	禽流感灭活苗	1羽份	肌注
50	新城疫Ⅰ或Ⅳ系	1羽份	肌注
90	脑脊髓炎-鸡痘二联苗	1羽份	翅膀内侧无血管处刺种
95～125	禽流感灭活苗	1羽份	肌注
135	新城疫-传染性支气管炎-减蛋综合征三联苗	1羽份	肌注

（二）肉用土鸡免疫程序

日龄	疫苗、药物种类	剂量	用法
1	马立克病 CVI_{988}	1羽份	颈部皮下注射
7	新城疫克隆-30-传染性支气管炎 H_{120} 二联苗	1羽份	滴鼻、滴眼
10	鸡痘	1羽份	翅膀内侧无血管处刺种
10～15	禽流感灭活苗	1羽份	肌注
7～14	法氏囊弱毒苗	1羽份	滴嘴
21～28	法氏囊弱毒苗	1羽份	饮水

续表

日龄	疫苗、药物种类	剂量	用法
22～24	新城疫 B_1-传染性支气管炎 H_{52} 二联苗	1 羽份	饮水
25～30	禽流感灭活苗	1 羽份	肌注
50	新城疫Ⅰ或Ⅳ系	1 羽份	肌注

注：免疫程序仅供参考，不同鸡场应根据疫情、饲养季节做适当调整。

（三）无公害土鸡饲养中允许使用的药物添加剂

类别	药品名称	用量（以有效成分计）	休药期（天）
抗菌药	阿美拉霉素	5～10 毫克/千克	0
	杆菌肽锌	以杆菌肽计 4～40 毫克/千克，16 周龄以下使用	0
	杆菌肽锌＋硫酸黏杆菌素	2～20 毫克/千克＋0.4～4 毫克/千克	7
	盐酸金霉素	20～50 毫克/千克	7
	硫酸黏杆菌素	2～20 毫克/千克	7
	恩拉霉素	1～5 毫克/千克	7
	黄霉素	5 毫克/千克	0
	吉他霉素	促生长：5～10 毫克/千克	7
	那西肽	2.5 毫克/千克	3
	牛至油	促生长：1.25～12.5 毫克/千克；预防：1.25 毫克/千克	0
	土霉素钙	混饲 10～50 毫克/千克，10 周龄以下使用	7
	维吉尼亚霉素	5～20 毫克/千克	1

续表

类别	药品名称	用量（以有效成分计）	休药期（天）
抗球虫药	盐酸氨丙啉＋乙氧酰胺苯甲酯	125毫克/千克＋8毫克/千克	3
	盐酸氨丙啉＋乙氧酰胺苯甲酯＋磺胺喹恶啉	100毫克/千克＋5毫克/千克＋60毫克/千克	7
	氯羟吡啶	125毫克/千克	5
	复方氯羟吡啶粉（氯羟吡啶＋氧苄甲酯）	102毫克/千克＋8.4毫克/千克	7
	地克珠利	1毫克/千克	
	二硝托胺	125毫克/千克	3
	氢溴酸常山酮	3毫克/千克	5
	拉沙洛西钠	75～125毫克/千克	3
	马杜霉素铵	5毫克/千克	5
	莫能菌素	90～110毫克/千克	5
	甲基盐霉素	60～80毫克/千克	5
	甲基盐霉素＋尼卡巴嗪	30～50毫克/千克＋30～50毫克/千克	5
	尼卡巴嗪	20～25毫克/千克	4
	尼卡巴嗪＋乙氧酰胺苯甲酯	125毫克/千克＋8毫克/千克	9
	盐酸氯苯胍	30～60毫克/千克	5
	盐霉素钠	60毫克/千克	5
	赛杜霉素钠	25毫克/千克	5

（四）无公害土鸡饲养中允许使用的治疗药物

类别	药品名称	剂型	用量（以有效成分计）	休药期（天）
抗菌药	硫酸安普霉素	可溶性粉	混饮，0.25～0.5克/升，连饮5天	7
	亚甲基水杨酸杆菌肽	可溶性粉	混饮，预防量25毫克/升；治疗量50～100毫克/升，连用5～7天	1
	硫酸黏杆菌素	可溶性粉	混饮，20～60毫克/升	7
	甲磺酸达氟沙星	溶液	20～50毫克/升，1次/天，连用3天	
	盐酸二氟沙星	粉剂、溶液	内服、混饮，5～10毫克/千克体重，2次/天，连用3～5天	1
	恩诺沙星	溶液	混饮，25～75毫克/升，2次/天，连用3～5天	2
	氟苯尼考	粉剂	内服，20～30毫克/千克体重，2次/天，连用3～5天	30
	氟甲喹	可溶性粉	内服，3～6毫克/千克体重，2次/天，连用3～4天，首次量加倍	
	吉他霉素	预混剂	100～300克/吨，连用5～7天，不得超过7天	7
	酒石酸吉他霉素	可溶性粉	混饮，250～500毫克/升，连用3～5天	7
	牛至油	预混剂	22.5克/吨，连用7天	

续表

类别	药品名称	剂型	用量（以有效成分计）	休药期（天）
抗菌药	金荞麦散	粉剂	治疗：混饲，2克/千克；预防：混饲，1克/千克	0
	盐酸沙拉沙星	溶液	20～50毫克/升，连用3～5天	
	复方磺胺氯哒嗪（磺胺氯哒嗪钠＋甲氧苄啶）	粉剂	内服，每天20毫克/千克体重＋4毫克/千克体重，连用3～6天	1
	延胡索酸泰妙菌素	可溶性粉	混饮，125～250毫克/升，连用3天	
	磷酸泰乐菌素	预混剂	混饲，26～53克/吨	5
	酒石酸泰乐菌素	可溶性粉	混饮，500毫克/升，连用3～5天	1
抗寄虫药	盐酸氨丙啉	可溶性粉	混饮，48毫克/升，连用5～7天	7
	地克珠利	溶液	混饮，0.5～1毫克/升	
	磺胺氯吡嗪钠	可溶性粉	混饮，300毫克/升；混饲，600克/吨，连用3天	1
	越霉素A	预混剂	混饲，10～20克/吨	3
	芬苯哒唑	粉剂	内服，10～50毫克/千克体重	
	氟苯咪唑	预混剂	混饲，3克/吨，连用4～7天	14
	潮霉素B	预混剂	混饲，8～12克/吨，连用8周	3
	妥曲珠利	溶液	混饮，25毫克/升，连用2天	

（五）食品动物禁用的兽药及其化合物清单

兽药及其化合物名称	禁止用途	禁用动物
兴奋剂类：克仑特罗、沙丁胺醇、西马特罗及其盐、酯及制剂	所有用途	所有食品动物
性激素类：己烯雌酚及其盐、酯及制剂	所有用途	所有食品动物
具有雌激素样作用的物质：玉米赤霉醇、去甲雄三烯醇酮、醋酸甲孕酮及制剂	所有用途	所有食品动物
氯霉素及其盐、酯（包括：琥珀氯霉素）及制剂	所有用途	所有食品动物
氨苯砜及制剂	所有用途	所有食品动物
硝基呋喃类：呋喃唑酮、呋喃它酮、呋喃苯烯酸钠及制剂	所有用途	所有食品动物
硝基化合物：硝基酚钠、硝呋烯腙及制剂	所有用途	所有食品动物
催眠、镇静类：安眠酮及制剂	所有用途	所有食品动物
林丹（丙体六六六）	杀虫剂	所有食品动物
毒杀芬（氯化烯）	杀虫剂	所有食品动物
呋喃丹（克百威）	杀虫剂	所有食品动物
杀虫脒（克死螨）	杀虫剂	所有食品动物
双甲脒	杀虫剂	所有食品动物
酒石酸锑钾	杀虫剂	所有食品动物
锥虫胂胺	杀虫剂	所有食品动物
孔雀石绿	抗菌、杀虫剂	所有食品动物
五氯酚钠	杀螺剂	所有食品动物
各种汞制剂：氯化亚汞（甘汞）、硝酸亚汞、醋酸汞、吡啶基醋酸汞	杀虫剂	所有食品动物

(六) 鸡场常用消毒剂及用法

药名	用途	用法及用量
来苏儿	消毒鸡舍、器具等，外用于工作人员的手和皮肤消毒	5%溶液用于环境、用具喷洒消毒，2%溶液用于手及皮肤消毒
烧碱	杀菌及消毒作用较强，用于鸡舍、运动场、排泄物、塑料食槽、饮水器的消毒，对金属、人体和动物体有腐蚀作用	配成2%溶液泼洒及浸泡非金属用具
福尔马林	用于鸡舍、工具、孵化器及种蛋熏蒸消毒	每立方米消毒空间用福尔马林30毫升加15克高锰酸钾，鸡舍及用具熏蒸24小时，种蛋熏蒸25分钟。也可以用福尔马林直接加热熏蒸
生石灰	用于鸡舍、运动场、道路、排泄物等消毒	配成10%～20%石灰乳剂喷洒消毒
漂白粉	用于鸡舍、用具、排泄物及饮水消毒	每吨水加10克漂白粉作为饮水消毒。配成5%～10%溶液用于鸡舍、用具及排泄物等消毒
新洁尔灭	用于人手和皮肤、种蛋、用具消毒，忌与肥皂、盐类相混	配成0.1%～0.2%溶液用于喷洒、洗涤消毒
过氧乙酸	用于鸡的体表、用具、尸体、污染物消毒，杀菌力强，对芽孢、真菌有一定的作用	配成0.2%～0.5%溶液用于喷洒、洗涤消毒

续表

药名	用途	用法及用量
高锰酸钾	用于冲洗外伤和饮水等消毒	0.01%～0.02%的溶液饮服可预防肠道传染病，0.05%～0.1%的溶液可作为创伤或黏膜洗涤消毒
百毒杀	用于饮水、鸡舍、环境、用具、种蛋等消毒	0.0025%～0.005%饮水消毒，0.015%鸡体消毒，0.05%～0.1%环境、用具消毒
农乐	用于鸡舍内外环境及用具消毒	0.3%～1.0%浓度用于喷洒、洗涤消毒

主要参考文献

[1] 杨宁主编. 家禽生产学. 北京：中国农业出版社，2002

[2] 徐桂芳，陈宽维主编. 中国家禽地方品种资源图谱. 北京：中国农业出版社，2003

[3] 陈国宏，王克华，王金玉等主编. 中国禽类遗传资源. 上海：上海科学技术出版社，2004

[4] 尤珩主编. 福建省家畜家禽品种志和图谱. 福州：福建科学技术出版社，1985

[5] 杨全明，刁有祥主编. 肉鸡饲养手册. 北京：中国农业出版社，1999

[6] 王长康. 现代养鸡技术与经营管理. 北京：中国农业出版社，2005

[7] 王长康. 优质鸡半放养技术. 福州：福建科学技术出版社，2003

[8] 呙于明主编. 家禽营养. 北京：中国农业大学出版社，2003

[9] 尹兆正，李肖梁，李震华. 优质土鸡养殖技术. 北京：中国农业大学出版社，2003

[10] 刘华贵. 无公害养殖优质地方鸡. 北京：科学技术文献出版社，2004

[11] 张日俊主编. 动物饲料配方. 北京：中国农业大学出版社，1999

[12] 辛朝安主编. 禽病学. 北京：中国农业出版社，2003

[13] 吕荣修. 禽病诊断彩色图谱. 北京：中国农业大学出版社，1995

[14] 杜元钊，朱万光主编. 鸡病诊断与防治图谱. 济南：

济南出版社，1998

[15] 臧素敏主编. 特禽营养与饲料配制. 北京：中国农业大学出版社，2003